数字化抽油机
控制系统维护手册

长庆油田分公司培训中心　编

石油工业出版社

内 容 提 要

　　本书主要介绍了数字化抽油机控制柜的组成、接线原理、日常维护、常见故障处理及调试等内容。本书内容全面、语言通俗易懂、实用性强，可作为数字化抽油机操作员工的培训教材，其他相关人员也可阅读使用。

图书在版编目（CIP）数据

　　数字化抽油机控制系统维护手册 / 长庆油田分公司
培训中心编. —北京：石油工业出版社，2017.12
　　ISBN 978-7-5183-2298-5

　　Ⅰ. ①数… 　Ⅱ. ①长… 　Ⅲ. ①抽油机—自动控制系统
—维修—手册　Ⅳ. ①TE933.07-62

　　中国版本图书馆 CIP 数据核字（2017）第 285145 号

出版发行：石油工业出版社
　　　　　（北京安定门外安华里2区1号　　100011）
　　　　　网　　　址：www.petropub.com
　　　　　编　辑　部：（010）64269289
　　　　　图书营销中心：（010）64523633
经　　销　全国新华书店
印　　刷　北京中石油彩色印刷有限责任公司
2017年12月第1版　2017年12月第1次印刷
787×1092毫米　开本：1/16　印张：5.75
字数：113千字
定价：23.00元
（如出现印装质量问题，我社图书营销中心负责调换）

《数字化抽油机控制系统维护手册》
编　审　组

编写人员：孟繁平　　徐金栋　　丑世龙　　马建军

　　　　　王军峰　　赵文博　　孙　明　　马建荣

审稿人员：单吉全　　张会森　　王　婉　　金　玲

前言

　　长庆油田公司数字化油田的建设，减轻了操作员工的劳动强度、提高了生产效率、降低了巡井、生产等过程中的安全风险。随着油田数字化的普及与应用，维护工作量也日益增大，由于缺乏专业技术人员，因此对操作员工提出了更高的要求。

　　众所周知，数字化抽油机控制柜安装在野外恶劣环境中，风、沙、雨、雪都会对设备的正常使用产生影响，有些复杂故障需要专业维护人员进行维修，有些简单故障操作员工就可排除。由于缺乏相关专业资料，造成操作员工对简单故障也束手无策。为了使员工能正确使用和维护数字化抽油机控制系统，特编写本书。本书分为产品介绍、日常维护、故障判断与处理、软件调试四大部分，遵循以下原则。

　　通俗易懂。本书针对国内最新的数字化抽油机控制柜，通过大量的实物图片与文字结合的方式，使一线员工对照本书就可以排除控制柜的简单故障并确认故障点，为专业技术人员现场服务提供依据，同时，本书"以新为主、新老兼顾"，对以前生产的控制柜的故障处理和判断提供了一些办法。

　　内容全面。本书针对目前在用的数字化抽油机控制柜进行了系统介绍，包含主要元器件、辅助元器件的结构特点、安装方式、工作原理以及元器件的拆卸、更换和维修，重点介绍了控制柜的故障诊断与排除方法。

　　实用性强。本书收集了数字化抽油机控制柜典型的现场维护案例，凝聚了大量专业维护人员的经验，增强了本书的实用性和针对性，对数字化抽油机控制系统的培训和使用具有很好的指导意义。

　　本书由孟繁平、徐金栋、丑世龙、马建军、王军峰、赵文博、孙明、马建荣编写。编写过程中得到了数字化抽油机控制柜生产单位的大力支持，在此一并表示感谢。由于本书成稿时间仓促，疏漏、错误之处在所难免，望广大读者、专家提出宝贵意见。

编者

2017 年 5 月

目录

1 数字化抽油机控制系统介绍

1.1 控制系统概况

数字化抽油机控制系统（图 1.1、图 1.2）是以 RTU 为核心，实现冲次手动/自动调节、平衡度手动/自动调节、工频/变频切换功能，同时实现无线远程监控的一体化智能控制系统，该系统具有良好的稳定性和自适应能力。

图 1.1 控制柜外观图

图 1.2 内部布局图

1.1.1 控制系统功能

控制系统具备以下八种功能。

1.1.1.1 数据采集功能

油井载荷、位移和三相电参数自动采集功能，自动生成示功图、电流图、功率图。

1.1.1.2 冲次调节功能

在给定泵径的条件下，根据油井示功图，在满足变频频率在一定的范围内的条件下计算油井最佳冲次，并实现自动冲次调节；可实现就地手动调节冲次和远程手动调节冲次。

1.1.1.3 平衡度调节功能

1）根据电流自动计算平衡度，并实现自动调节，使抽油机平衡度在一定的范围内运行，平衡度计算周期可远程设定。

2）可实现就地手动调节平衡度和远程手动调节平衡度。

1.1.1.4 主电动机保护功能

1）电流保护：在抽油机运行过程中，RTU（远程终端控制系统，Remote Terminal Unit）实时监视主电动机的电流值，若电流超过设定最大值一定时间（超限时间），则 RTU 控制主电动机断开供电，停止运行。

2）综合电动机保护器保护：在抽油机运行过程中，当出现过载、过流、过压、短路、缺相等故障时，综合电动机保护器应能自动断开，对电动机起保护作用。

1.1.1.5 平衡电动机保护功能

1）限位保护：在平衡调节过程中，当平衡块到达极限位置时，将触发限位开关，通过电器控制回路使调节继电器断开，停止平衡调节操作，保护电动机。

2）电流保护：在调节过程中，RTU 监视调平衡电动机的电流值，若电流超过设定最大值一定时间（超限时间），则 RTU 控制调节继电器断开，停止调节。此种保护方式是在限位开关失效或平衡块卡死时使用。

1.1.1.6 运行模式切换功能

具备工频和变频两种工作模式，且可实现工频和变频之间自动切换。

1.1.1.7 数据传输功能

RTU 的通信端口可支持 RS485 有线方式传输，也可连接无线数传模块，进行无线传输。

1.1.1.8　防护功能

　　系统具备防雷电、防电源闪断功能，具备电动机过载保护、电流限幅、输入缺相检测、输出缺相检测、加速过流、减速过流、恒速过流、接地故障检测、散热器过载和负载短路等保护功能。

1.1.2　控制柜硬件配置

　　控制柜硬件配置如图 1.3 所示。

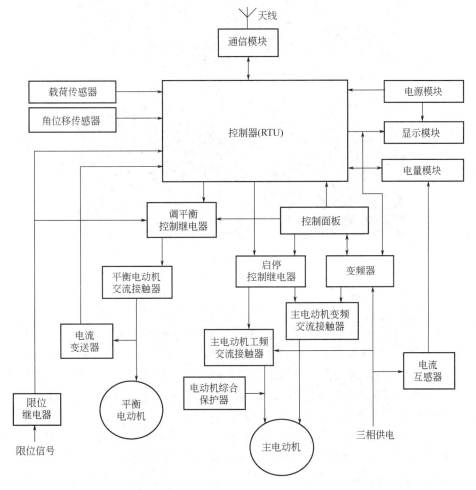

图 1.3　控制柜硬件配置图

1.1.3 控制柜组成

控制柜由以下五部分组成。

1.1.3.1 控制面板

控制面板（图 1.4）由工频和变频转换按钮、启动按钮、停止按钮、复位按钮、冲次调节按钮、平衡调节按钮和数据显示模块等组成。该部分可实现抽油机的本地启动/停止、工频/变频切换、冲次的本地调节、平衡度的本地调节。

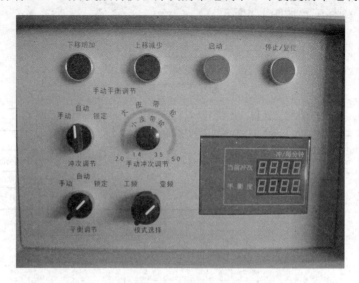

图 1.4　控制面板

各操作器件的功能如下：

1）启动/停止按钮：通过启动和停止按钮控制抽油机启、停。

2）故障/复位按钮：如出现故障情况，按下该按钮可自动复位。

3）工频/变频转换开关：实现工频与变频切换功能。

4）冲次调节转换开关：当控制柜操作面板的"冲次调节转换开关"拨到手动控制挡时，根据当前抽油机的冲次，通过左右旋动"手动冲次调节"旋钮，可改变变频器的输入频率，从而达到合适的冲次状态。

5）平衡调节转换开关：当控制面板上的平衡调节拨到手动挡时，可通过按下"上移减少""下移增加"按钮控制平衡调节装置完成抽油机平衡度调节。调节平衡度到达限位开关后，平衡电动机停止运行并在当前运行方向锁定。

6）显示面板：可通过该面板查看当前冲次和平衡度。

1.1.3.2 变频控制系统

变频控制系统（图 1.5）由变频器、制动单元、交流接触器、继电器以及相关电气元件等组成，实现抽油机冲次手动/自动调节、电动机软启动和电动机智能保护等功能。

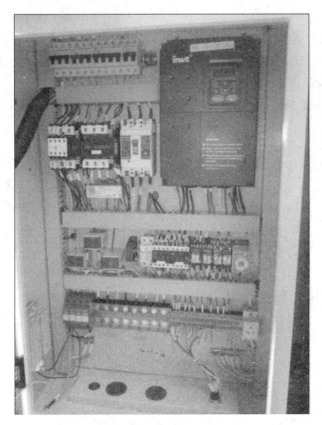

图 1.5 变频控制系统

1.1.3.3 工频控制系统

工频控制系统由继电器、断路器、接触器等相关电气元件组成，具有工频启动、停止、过流、过载、缺相等保护功能。当变频器发生故障时，系统可自动切换到工频状态，实现抽油机平稳、安全运行。

1.1.3.4 尾平衡调节系统

尾平衡调节系统由继电器、平衡电动机接触器、行程开关等相关电气元件组成，具有增加和减少配重的能力，实现自动调节平衡的功能。

1.1.3.5 数据采集及传输系统

数据采集及传输系统（图 1.6）由井口 RTU、三相电参数采集模块和数据通信模块等部分组成。该系统为整个控制柜的核心，主要完成：载荷、角位移数据的采集，井口三相电参数的采集，示功图、电流图的生成，抽油机的远程启停，冲次、平衡的自动调节，控制柜的智能保护以及数据的远程传输等功能。

图 1.6 数据采集及传输系统

1.1.4 控制柜元器件介绍

控制柜内部元器件如图 1.7 所示。

1.1.4.1 数据采集及传输系统元器件

1）数据采集模块—Super32-L305。

（1）结构组成。

图 1.8 为数据采集模块 Super32-L30 模块，其中：

① COM2 口。当对 L305 进行调试时，该串口为调试口，当 L305 正常工作时，该串口与通信模块 SZ930 连接，作为数据通信口。

② DO3 输出端子与操作面板上的下移按钮连接，用于控制平衡电动机的下移调节。

③ DO2 输出端子与操作面板上的上移按钮连接，用于控制平衡电动机的上移调节。

④ DO1 输出端子与操作面板上的停止按钮连接，用于抽油机的停止控制。

⑤ DO0 输出端子与操作面板上的启动按钮连接，用于抽油机的启动控制。

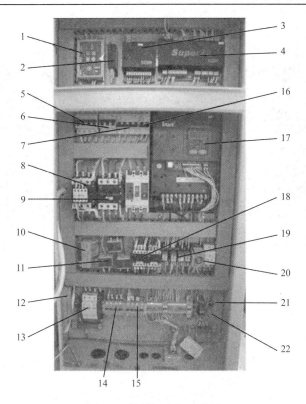

图 1.7 控制柜内部元器件

1—开关电源；2—通信模块；3—三相电参数模块；4—RTU 模块；5—避雷模块电源 QF2；

6—平衡电动机电源 QF3；7—三相电参数模块；8—变频接触器 KM2；9—工频接触器 KM1；

10—综合电动机保护器 DCS；11—电流互感器；12—加热器；13—浪涌保护器 SPD；14—主电源进线端；

15—电动机电源端子；16—二次回路电源 QF5；17—变频器；18—平衡电动机接触器 KM3、KM4；

19—中间继电器 K1、K2、K3、K4；20—延迟继电器 KT1；21—温控器；22—电流变送器

⑥ SPK 输出端子与报警喇叭连接，用于报警柜喇叭供电。

⑦ RS485-1 端子与 SU306 模块连接，用于读取三相电参数数据。

⑧ AI0 输入端子与载荷传感器连接，用于采集载荷数据。

⑨ AI1 输入端子与角位移传感器连接，用于采集角位移数据。

⑩ AI2 输入端子与控制柜内电流变送器连接，用于采集平衡电动机电流数据。

⑪ DI0 输入端子与冲次调节旋钮连接，用于采集冲次调节状态。

⑫ DI1 输入端子与平衡调节旋钮连接，用于采集平衡调节状态；DI2 输入端子与中间继电器 K3 连接，用于采集上行程开关状态。

⑬ DI3 输入端子与中间继电器 K4 连接，用于采集下行程开关状态。

图 1.8　数据采集模块 Super32-L30 模块

1—COM2 口；2—DO3 输出端子；3—DO2 输出端子；4—DO1 输出端子；5—DO0 输出端子；

6—SPK 输出端子；7—RS485-1 端子；8—AI0 输入端子；9—AI1 输入端子；10—AI2 输入端子；

11—DI0 输入端子；12—DI1 输入端子；13—DI3 输入端子；14—RS485-1 端子；15—电源端子；16—模块指示灯

⑭ RS485-1 端子与变频器 RS485 口以及显示模块 RS485 口连接，用于读取变频器电参数据、调节变频器频率；在显示模块上显示冲次数据和平衡度数据。

⑮ 电源端子与电源模块连接，用于 L305 供电。

⑯ 模块指示灯（图 1.9）。

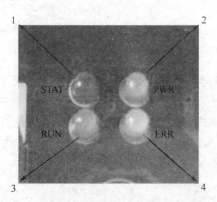

图 1.9　L305 模块指示灯

1—L305 模块状态灯 STAT；2—L305 模块电源灯 PWR；

3—L305 模块运行灯 RUN；4—L305 模块故障灯 ERR

模块正常工作时电源灯 PWR 常亮，运行灯 RUN 一闪一闪的；当模块出现故障时故障灯 ERR 亮，此时需对模块进行检查。

（2）性能参数。

① 通信接口：1×RS232+1×RS485+1×RS232/RS485，均支持 ModbusRTU 主从协议，可自定义通信协议。

② IO 接口：6AI+4DI+6DO。

模拟量输入：6 路。

输入信号：4～20mA/0～20mA（Max25mA）。

输入电阻：169Ω。

A/D 分辨率：16 位。

精度：±0.1%F.S25℃±0.2%全温范围。

数字量输入：4 路。

信号类型：触点信号、电平信号。

输入信号：24V、5mA。

极限输入：最大 30VDC，最小 ON 输入 9VDC，最大 OFF 输入 2VDC。

响应时间：开 7ms、关 24ms。

数字量输出：6 路。

输出信号：继电器触点。

触点容量：>DC24V、1000mA。

响应时间：2ms。

③ 工作环境：工作温度-40～+70℃，野外。

④ 工作电源：24VDC（可提供 24V 仪表电源）。

⑤ 外形尺寸：209mm（长）×130mm（宽）×52mm（厚）。

⑥ 抗干扰设计：所有对外接口均有防雷抗干扰设计，对外通信接口均采用光电隔离；具备抗变频器的谐波干扰能力；EMC 达到 A 级标准。

⑦ 防护等级：IP45。

（3）功能。

L305 模块是整个控制柜的核心，该模块作用如下：

① 采集井口载荷、角位移数据生成示功图。

② 采集三相电参数数据，生成电流图、功率图等。

③ 控制抽油机的远程启停，同时根据采集到的相关数据强制抽油机停止工作，达到保护抽油机的目的。

④ 采集变频器工作参数，并对变频器进行频率调节，达到调节冲次的作用。

⑤ 控制平衡电动机工作，达到调节平衡的作用，保护平衡电动机。

⑥ 将冲次和平衡度数据传到显示模块，使工作人员在本地可以看到抽油机

当前冲次和平衡度。

⑦ 与通信模块 SZ930 通信，通过 SZ930 将井口相关数据传输至井场主 RTU。

2）三相电参采集模块—SU306。

（1）结构组成。

图 1.10 为三相电采集模块—SU306，其中：

① SU306 模块电源端子与电源模块连接，用于 SU306 模块供电。

② SU306 模块 RS485 端子与 L305 模块连接，用于将三相电参数据传输给 L305 模块。

③ SU306 模块 RS232 串口用于 SU306 模块调试。

④ SU306 模块三相电流端子与控制柜内的电流互感器 CT1、CT2、CT3 连接，用于采集抽油机的三相电流。

⑤ SU306 模块三相电压端子与控制柜内的三相断路器 QF4 连接，用于采集控制柜的三相电压。

图 1.10　三相电参采集模块——SU306

1—SU306 模块电源端子；2—SU306 模块 RS485 端子；3—SU306 模块 RS232 串口；

4—SU306 模块三相电流端子；5—SU306 模块三相电压端子

（2）性能参数。

① 通信接口：1 路 RS485 接口+1 路 RS232 接口，支持 ModbusRTU 协议，比特率为 9600～57600bps。

② 数据位为 8bits；停止位为 1bit；校验方式为 EVEN、ODD、NONE；工作电源为 DC24V±5%。

③ 测量范围。

电压：0～450V（误差±0.5%）。

电流：0～100A。

工作温度：-40～+70℃。

④ 外形尺寸：158mm×108mm×68mm。

⑤ 采样频率：≤50ms。

图 1.11 为 SU306 模块指示灯。

当模块正常工作时电源灯 PWR 常亮，运行灯 RUN 一闪一闪的，TXD0 与 RXD0 交替闪烁；当模块出现故障时故障灯 ERR 亮，此时需对模块进行检查。

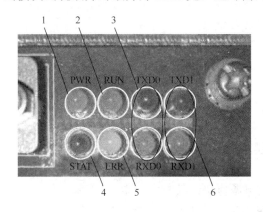

图 1.11　SU306 模块指示灯

1—电源灯 PWR；2—运行灯 RUN；3—通信灯 TXD0 和 RXD0；4—状态灯 STAT；

5—故障灯 ERR；6—通信灯 TXD1 和 RXD1

（3）功能。

该模块作用为：采集控制柜的三相电压以及工作电流，将采集到的电流、电压数据经过处理之后，通过 RS485 口传输到 L305 模块。

3）数据通信模块—SZ930。

（1）结构组成。

图 1.12 为数据通信模块—SZ930，其中：

① SZ930 模块的串口与 L305 模块连接，用于 L305 模块进行数据通信。

② SZ930 模块的电源端子与电源模块连接，用于 SZ930 模块供电。

③ SZ930 天线接口与外部天线连接，用于主 RTU 的无线数据传输。

（2）数据通信模块 SZ930 性能参数。

图 1.12　数据通信模块—SZ930

1—串口；2—电源端子；3—天线接口

① 通信协议：ZIGBEE 协议栈/2.4G 通信协议。

② 通信频率：ISM2.4GHz。

③ 外部接口：RS232 接口。

④ 通信模式：ModbusRTU 协议。

⑤ 工作电源：DC24V。

⑥ 工作环境：湿度为 5%～95%RH；温度为-40～+70℃。

（3）功能。

该模块作用为完成 L305 与井场主 RTU 之间的数据传输。

4）开关电源模块—PA2401。

（1）结构组成。

图 1.13 为开关电源模块，其中：

① 电源模块的输入端子与控制柜的 QF5 连接，用于给电源模块提供 AC220V 电源。

② 电源模块的接地端子与控制柜的地线连接，用于电源模块的等电位连接。

③ 电源模块的输出端子与 L305 模块电源端子连接，用于 L305 模块、SU306 模块、SZ930 模块以及显示模块提供 DC24V 电源。

（2）性能参数。

① 输入特性。

输入电压：额定电压为 AC100～240V；调整范围为 AC90～264V。

输入频率：额定频率为 50～60Hz；调整频率为 47～63Hz。

② 输出特性。

输出功率见表 1.1。

表 1.1　开关电源模块输出功率

电压	最小负载	最大负载	峰值电流	输出功率
DC+24V	0A	1A	1.15A	24W

图 1.13　开关电源模块

1—输入端子；2—接地端子；3—输出端子

负载特性/调整率见表 1.2。

表 1.2　开关电源模块负载特性/调整率

电压	最小空载电压	最大空载电压	线性调整	负载调整
DC+24V	23.9V	24.1V	±1%	±1%

输出效率：当输入 AC220V 时，效率为 82%。

③ 保护功能。

短路保护：该电源供给器在输出短路解除时，能恢复正常工作。

过流保护：过流故障排除后，电源将自动恢复正常工作。

④ 工作环境。

工作温度：-40～50℃，满载，正常工作。

工作湿度：5%（0℃）～90%（40℃），72h 满载，正常工作。

（3）功能。

该模块作用为 L305 模块、SU306 模块、SZ930 模块以及显示模块提供可靠的 DC24V 电源。

1.1.4.2　变频控制系统元器件

1）变频器。

（1）结构组成。

图 1.14 为变频器外观图，其中：

① 变频器操作面板键盘用于设置变频器的相关参数，本地启动/停止/复位变频器。

② 控制板端子与接触器（KM2）、停止按钮、冲次调节旋钮、L305 等设备连接，用于变频器启动、停止、冲次调节、通信等。

③ 主回路端子用于变频器电源的输入、输出。

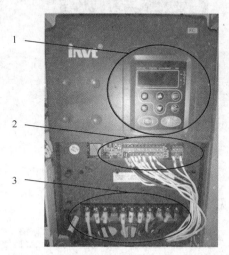

图 1.14　英威腾 CHF100A 系列变频器

1—变频器操作面板键盘；2—控制板端子；3—主回路端子

图 1.15 为变频器控制端子接线图，其中：

① 变频器的通信端子与 L305 模块 RS485—2 口连接，用于 L305 读取变频器电气参数，控制变频器频率。

② 变频器功能端子公共端与停止按钮连接，用于变频器启动、停止构成回路。

③ 变频器启动端子与接触器（KM2）连接，用于变频器的启动。

④ 变频器停止端子与停止按钮连接，用于变频器的停止。

⑤ 变频器故障输出端子与中间继电器 K1 连接，用于变频器故障报警，延迟继电器 KT1 的启动。

⑥ 变频器模拟量输入端子与面板冲次调节旋钮连接，用于变频状态手动调节情况下，抽油机冲次的调节。

图 1.16 为变频器主回路端子图，其中：

① 变频器接地端子与控制柜内接地铜排连接，用于变频器的等电位连接。

② 变频器制动端子与制动电阻连接，用于给制动电阻提供电源。

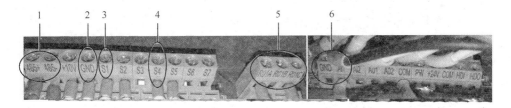

图 1.15　变频器控制板端子图

1—通信端子；2—功能端子公共端；3—启动端子；4—停止端子；

5—故障输出端子；6—模拟量输入端子

③ 变频器电源输入端子与 QF1 连接，用于给变频器提供电源。

④ 变频器输出端子与 KM2 连接，用于给 KM2 提供电源。

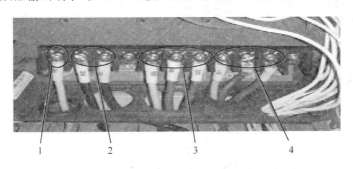

图 1.16　变频器主回路端子

1—接地端子；2—制动端子；3—电源输入端子；4—输出端子

（2）性能参数。

① 输入输出特性。

输入电压范围：380V±15%。

输入频率范围：47～63Hz。

输出电压范围：0～额定输入电压。

输出频率范围：0～400Hz。

② 外围接口特性。

可编程数字输入：7 路开关量输入，1 路高速脉冲输入，支持 PNP、NPN 双极性光耦隔离输入。

可编程模拟量输入：AI1 为-10～10V 输入；AI2 为 0～10V 或 0～20mA 输入。

可编程开路集电极输出：1 路输出（开路集电极输出或高速脉冲输出）。

继电器输出：2 路输出。

模拟量输出：2 路输出，0/4～20mA 或 0～10V 可选。

③ 技术性能特性。

控制方式：V/F 控制、开环矢量控制（SVC）。

过载能力：150%额定电流 60s；180%额定电流 10s。

调速比：1:100（SVC）。

载波频率：1～15kHz。

④ 功能特性。

频率设定方式：数字设定、模拟量设定、脉冲频率设定、串行通信设定、多段速及简易 PLC 可编程逻辑控制系统设定、PID（比例、积分、微分控制）设定等，可实现设定的组合方式切换。

PID 控制功能：简易 PLC、多段速控制功能、16 段速控制。

摆频控制功能：瞬时停电不停机功能。

转速追踪再启动功能：实现对旋转中的电动机的无冲击平滑启动。

自动电压调整功能：当电网电压变化时，能自动保持输出电压恒定。

提供多种故障保护功能：过流、过压、欠压、过温、缺相、过载等保护功能。

⑤ 工作环境。

温度、湿度：运行环境温度在-10～40℃之间，超过 40℃以上须降额使用，最高不超过 50℃。环境温度超过 40℃，每升高 1℃，降额 4%，空气的相对湿度≤90%，无凝露。

海拔高度：变频器安装在海拔高度 1000m 以下时，可以在其额定功率运行，当海拔高度超过 1000m 后，变频器功率需要降额，具体降额幅度如图 1.17 所示。

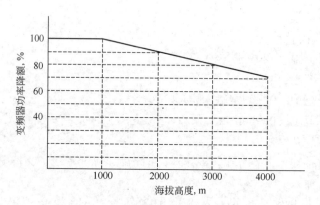

图 1.17　安装海拔高度与变频器功率降额曲线

目前常用的变频器分两种，见表 1.3。

表 1.3 常用的两种变频器

变频器型号	输入电压	额定输出功率kW	额定输入电流，A	额定输出电流，A	适配电动机
CHF100A-7R5G/011P-4	380V±15%	7.5/11.0	20/26	17/25	7.5/11.0
CHF100A-011G/015P-4		11.0/15.0	26/35	25/32	11.0/15.0

2）交流接触器 KM2—CJX24011M+（F4-40）。

（1）结构组成。

图 1.18 为交流接触器，其中：

① 接触器输入端子与变频器输出端子连接，用于给接触器提供电源。

② 接触器常闭端子 21NC 与 KM1 的 A1 端子连接，用于 KM1 与 KM2 互锁。

③ 接触器常开端子 53NO 用于与 KM2 常开端子 54NO 构成自锁。

④ 接触器常开端子 63NO 与变频器故障端子连接，构成中间继电器 K1 控制回路。

⑤ 接触器常开端子 73NO 与变频器功能端子 COM 连接，与接触器常开端子 74NO 构成变频器启动回路。

⑥ 接触器常开端子 54NO 用于与 KM2 常开端子 53NO 构成自锁。

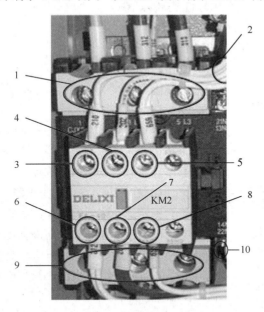

图 1.18 交流接触器

1—输入端子；2—常闭端子 21NC；3—常开端子 53NO；4—常开端子 63NO；5—常开端子 73NO；

6—常开端子 54NO；7—常开端子 64NO；8—常开端子 74NO；9—输出端子；10—常闭端子 22NC

⑦ 接触器常开端子 64NO 与 QF5 火线连接，用于给中间继电器控制器提供电源。

⑧ 接触器常开端子 74NO 与变频器 S1 端子连接，与接触器常开端子 73NO 构成变频器启动回路。

⑨ 接触器输出端子与主电动机连接，用于给主电动机提供电源。

⑩ 接触器常闭端子 22NC 与中间继电器 K1 端子连接，用于构成 KM1 控制回路。

（2）性能参数。

① 电气参数。

额定电压：AC380V；

线圈电压：AC220V。

额定电流：40A；

额定功率：18.5kW；

发热电流：60A；

操作频率：600 次/h；

电寿命：80 万次；

辅助端子：5 常开点 NO，1 常闭点 NC。

② 工作环境。

工作地点海拔不超过 2000m。

工作温度：−5～40℃。

工作湿度：≤90%。

（3）功能。

变频器与 KM2 是抽油机变频运行时的核心设备，即在变频状态时，只有变频器与 KM2 同时工作，则抽油机工作，变频器与 KM2 任何一个停止，则抽油机停止工作。同时在变频状态下，变频器可调节电动机频率，改变电动机转速，达到调节冲次的作用；通过调节频率降低电动机的工作电压，从而降低电动机的功率，减少电能的损耗，节约成本；低电压、低电流缓慢启动电动机，减少电动机绕组产生的热量，延长了电动机使用寿命；降低电网电压的波动。

3）制动电阻。

（1）结构组成。

图 1.19 为制动电阻，其中：

① 制动电阻接线端子 1 与变频器主回路端子上的

图 1.19　制动电阻

1,2—接线端子

PB 端子连接，用于构成制动回路。

② 制动电阻接线端子 2 与变频器主回路端子上的+端子连接，用于构成制动回路。

（2）性能参数。

电阻功率：3000W。

电阻阻值：33Ω±3%。

绝缘电阻：DC1000V，1000MΩ 以上。

耐电压：AC2500V，1min；AC3000V，5s。

（3）功能。

该设备的作用是在电动机处于发电状态时，通过制动电阻将这部分电能就地消耗掉，减少了对电网的冲击，使得抽油机处于平稳的电网环境下工作，延长了电动机的使用寿命，减少了维护成本。

4）中间继电器 MY4NJ-D2-K1。

（1）结构组成。

图 1.20 为中间继电器，其中：

① 中间继电器 K1 的 6 号触点与中间继电器 KT1 的线圈连接，构成延迟继电器 KT1 的控制回路。

② 中间继电器 K1 的 5 号、9 号触点与 QF5 的火线连接，构成 K1 的自锁回路。

③ 中间继电器 K1 的 4 号、12 号触点与 KM1 的常闭端子 21NC 连接，构成 KM2 的控制回路。

④ 中间继电器 K1 的 14 号、13 号触点为 K1 的线圈端子，用于给线圈供电。

⑤ 中间继电器 K1 的 10 号触点与工频/变频转换开关连接，用于构成延迟继电器 KT1 的控制回路。

图 1.21 为继电器触点接线图。

（2）性能参数。

① 工作电压：AC220V。

② 额定电流：6.8mA。

③ 线圈电阻：12.95Ω。

④ 触点：4 组。

⑤ 触点负载：3A，AC220V。

⑥ 最大开关电压：AC250V。

⑦ 工作环境：温度为-55～70℃；湿度为 35%～85%RH。

（3）功能。

当变频器发生故障时，该继电器工作，切断变频控制回路，使电动机停止运行，起到保护电动机的作用；同时激活延迟继电器 KT1 工作，其工作时间与延迟继电器的设置时间相同，即延迟继电器延迟时间为 10s，则 K1 只工作 10s，就停止工作。

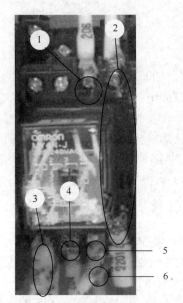

图 1.20　中间继电器 K1

1—6 号触点；2—5 号、9 号触点；3—4 号、12 号触点；

4—14 号触点；5—13 号触点；6—10 号触点

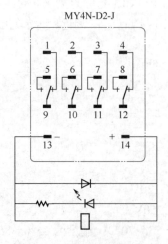

图 1.21　继电器触点接线图

1.1.4.3 工频控制系统元器件

1）交流接触器 CJX2-4011M-KM1。

（1）结构组成。

图 1.22 为交流接触器，其中：

① 交流接触器电源输入端子与 QF1 连接，用于给 KM1 提供电源。

② 交流接触器常闭触点 21NC 与中间继电器 K1 连接，构成 KM2 的控制回路。

③ 交流接触器常开触点 13NO 与 L305 的 DO1 连接，常开触点 14NO 与工频/变频转换开关连接，二者构成 KM1 的自锁回路。

④ 交流接触器常闭触点 22NC 与 KM1 的 A1 连接，构成 KM2 的控制回路。

⑤ 交流接触器电源输出端子与电动机连接，为电动机提供电源。

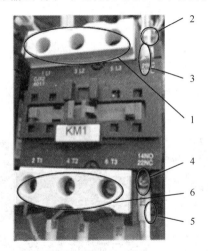

图 1.22　交流接触器

1—电源输入端子；2—常闭触点 21NC；3—常开触点 13NO；

4—常开触点 14NO；5—常闭触底 22NC；6—电源输出端子

（2）性能参数。

① 电气参数。

额定电压：AC380V；

线圈电压：AC220V；

额定电流：40A；

额定功率：18.5kW；

发热电流：60A；

操作频率：600 次/h；

电寿命：80 万次；

辅助端子：1 常开点 NO，1 常闭点 NC。

② 工作环境。

工作地点：海拔不超过 2000m。

工作温度：−5～40℃。

工作湿度：≤90%。

（3）功能。

该设备是抽油机工频运行时的核心设备，即在工频状态时，KM1 工作，则抽油机工作，KM1 停止，则抽油机停止运行；变频故障时可自动切换至工频状态，不影响抽油机运行。

2）电动机综合保护器-CDS。

（1）结构组成。

图 1.23 为电动机综合保护器，其中：

① 综合保护器辅助端子 K1 与工频/变频转换开关连接，用于构成 KM1 的控制回路。

② 综合保护器辅助端子 K2 与 KM1 的 22NC 端子连接，用于构成 KM1 的控制回路。

图 1.23　电动机综合保护器

1—辅助端子 K1；2—辅助端子 K2

（2）性能参数。

① 型号为 CDS11-P，电流调节范围为 8～50A；适用于 AC380V、4～25kW 电动机。

② 电源电压变化范围：80%～110%额定工作电压。

③ 工作环境：工作地点海拔不超过 2000m；工作温度为-5～40℃；工作湿度不大于 90%。

（3）功能。

该设备作用为，在电动机工频运行时，当电路出现过载、过流、欠压、过压、欠流、短路、缺相、漏电等现象时，电动机综合保护器常闭端子（上图 K1、K2）断开，则工频控制回路断开，切断电动机电源，起到保护电动机的作用。

3）中间继电器 MY4NJ-D2-K2。

（1）结构组成。

图 1.24 为中间继电器，其中：

① 中间继电器 K2 的 7 号触点与 L305 的 DO1 连接，11 号触点与 CDS 的 K1 连接，二者用于变频故障时，KM1 的控制回路的构成。

② 中间继电器 K2 的 6 号触点与 L305 的 DO1 连接，10 号触点与 K2 的线圈连接，二者用于 K2 的自锁。

③ 中间继电器 K2 的 1 号触点与 K1 的线圈连接，9 号触点与 QF5 的零线连接，二者用于构成 K1 的控制回路。

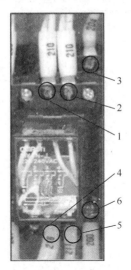

图 1.24　中间继电器 K2

1—7 号触点；2—6 号触点；3—1 号触点；4—11 号触点；

5—10 号触点；6—9 号触点

（2）功能。

K2 为变频/工频自动切换的核心继电器，当 K2 工作时，表示此刻变频器处于故障状态，若此刻抽油机运行，则抽油机是在工频状态下运行。

4）延迟继电器 KT1。

（1）结构组成。

图 1.25 为延迟继电器，其中：

① KT1 的 3 号触点与中间继电器 K2 的线圈连接，1 号触点与 L305 的 DO1 连接，二者用于构成 K2 的控制回路。

② KT1 的 2 号触点、7 号触点是 KT1 的线圈触点。

图 1.25　延迟继电器

1—3 号触点；2—2 号触点；3—1 号触点；4—7 号触点

（2）延迟继电器 KT1—JSZ3A 的性能参数。

① 电气参数。

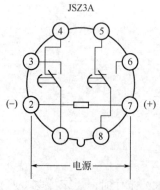

图 1.26　延迟继电器触点接线图

额定工作电压：AC220V；

额定工作电流：1.5A；

最大延迟时间：30s；

触点容量：3A；

触点：2 组延迟关闭触点（图 1.26）

② 工作环境。

工作地点海拔不超过 2000m；工作温度为-5～40℃；工作湿度不大于 90%。

（3）功能。

该继电器用于变频器故障时，工频的延迟启动；假如延迟时间设置为 10s，那么当变频器出现故障 10s 后，中间继电器 K2 启动，然后工频自动启动，抽油机进入工频运行状态；同时延迟继电器、中间继电器 K1 停止工作。

1.1.4.4 平衡调节系统元器件

1）交流接触器 KM3、KM4。

（1）结构组成。

图 1.27 为交流接触器，其中：

① 交流接触器的电源输入端与 QF3 连接，用于给 KM3，KM4 提供电源。

② KM3 的常闭触点 2 与 L305 的 DO3 连接，常闭触点 6 与中间继电器 K4 连接，二者用于构成 KM4 的控制回路以及 KM3，KM4 的自锁。

③ KM4 的常闭触点 4 与 L305 的 DO2 连接，常闭触点 8 与中间继电器 K3 连接，二者用于构成 KM3 的控制回路以及 KM3，KM4 的自锁。

④ 交流接触器的输出端与平衡电动机连接，用于给平衡电动机供电。

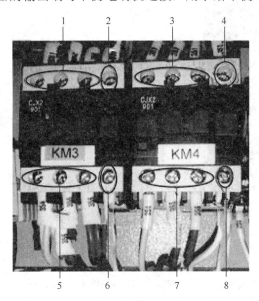

图 1.27　交流接触器

1,3—电源输入端；2,6—KM3 的常闭触点；4,8—KM4 的常闭触点；5,7—输出端

（2）KM3、KM4 的性能参数。

① 型号：CJX2-0901M。

② 额定电压为 AC380V；线圈电压为 AC220V。

③ 额定电流为 9A；额定功率为 4kW；发热电流为 25A。

④ 操作频率为 1200 次/h；电寿命为 100 万次。

⑤ 辅助端子：1 常闭触点 NC。

⑥ 工作环境：工作地点海拔不超过 2000m；工作温度为-5～40℃；工作湿

度不大于 90%。

（3）功能。

当 KM3 工作时，平衡电动机正转，平衡块上移，配重减小；当 KM4 工作时，平衡电动机反转，平衡块下移，配重增大；且 KM3 和 KM4 不能同时工作。

2）中间继电器 K3、K4。

（1）性能参数。

① 工作电压为 DC24V；额定电流为 36.9mA；线圈电阻为 650Ω；触点 2 组；触点负载为 5A、DC24V；最大开关电压为 DC125V。中间继电器实物如图 1.28 所示，接线如图 1.29 所示。

图 1.28　中间继电器 K3、K4

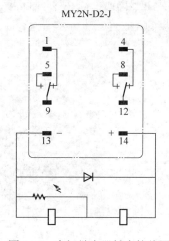

图 1.29　中间继电器触点接线图

② 工作环境：温度为-55～70℃；湿度为 35%～85%RH。

（2）功能。

当 K3 工作时，KM3 停止，平衡电动机停止工作，平衡块停止上移；当 K4 工作时，KM4 停止，平衡电动机停止工作，平衡块停止下移。

1.1.4.5　柜内其他元器件

1）主断路器（QF1）。

（1）结构组成。

型号：CDM1-63L（图 1.30）。

（2）性能参数。

额定工作电压：AC400V；

额定绝缘电压：AC690V；

额定冲击耐受电压：6kV；

图 1.30　主断路器

额定电流：60A；

级数：3。

（3）功能。

QF1 用于给工频、变频主回路供电，当 QF1 断开时，抽油机是无法工作的。

2）避雷模块 SPD 与避雷模块断路器（QF2）。

避雷模块（图 1.31）型号为 DXH06-FCS/ 3+1R40，20kA。

QF2 型号为 DZ47L4D63（4P 断路器，图 1.32），与避雷模块连接，避雷模块平时处于高电阻状态，它的作用是将窜入电力线、信号线的瞬时过电压限制在控制柜所能承受的电压范围内，或将强大的雷电电流泄流入地，以保证控制柜内设备不受冲击而损坏。

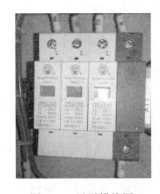

图 1.31　避雷模块图

图 1.32　断路器

3）平衡电动机断路器（QF3）。

QF3 型号为 DZ47L3D6（3P 断路器），用于给 KM3、KM4 供电。

4）电量采集断路器（QF4）。

QF4 型号为 DZ47L4D1（4P 断路器），用于给电参数采集模块 SU306 提供三相电压。

5）RTU 电源、控制回路断路器（QF5）。

QF5 型号为 DZ47L2D6（2P 断路器），用于给 RTU 开关电源，二次回路供 AC220V 电源。

6）电流变送器。

电流变送器（图 1.33）型号为 HBA5-YSAD，量程 0～5A，信号 4～20mA。用于测量平衡电动机的工作电流，当平衡电动机的工作电流高于设定值时，RTU 将平衡电动机控制回路切断，起到保护平衡电动机的作用。

7）电流互感器。

（1）电流互感器（图 1.34）型号为 VB045。

图 1.33　电流变送器　　　　　　图 1.34　电流互感器

（2）额定电压为 720V；额定二次电流为 5A。

（3）用于测量控制柜主回路的电流，并将测得电流传入电参数采集模块 SU306。

8）温控器和加热器。

温控器（图 1.35）型号为 KSD-301，加热器（图 1.36）型号为 SXR-003（200W）。

加热器电气参数：额定电压为 AC220V；额定功率为 200W；绝缘电阻为 50MΩ。

当温度低于 0℃时，温控器闭合，加热器开始工作，给控制柜加热；温度高于 20℃时，温控器断开，加热器停止工作。

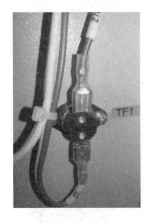

图 1.35　温控器

图 1.36　加热器

9）显示模块。

显示模块（图 1.37）型号：DISP-CQ；

工作电压：DC24V；

通信接口：1 路 RS485 口，支持 ModbusRTU

协议；

波特率：9600～57600bps；

数据位：8bits；

图 1.37　显示模块

停止位：1bit；

校验方式：EVEN、ODD、NONE；

工作温度：-40～70℃。

该模块用于 L305 通信，通过显示模块可以在本地直接读取抽油机的当前冲次、平衡度。

10）启动按钮。

图 1.38 为启动按钮接线图，其中：

（1）启动按钮常开端子 4NO 与 L305 的 DO1 连接，与 3NO 一起用于抽油机的本地启动。

（2）启动按钮常开端子 3NO 与工频/变频转换开关连接，与 4NO 一起用于抽油机的本地启动。

启动按钮型号为 LAY5EA31，有 1 组常开点（1NO），按钮外观如图 1.39 所示。

11）停止按钮。

图 1.40 为停止按钮接线图，其中：

（1）1 和 2 构成停止按钮的 1 组常开点，与变频器的功能端子 S4、COM 连接，用于变频器的本地停止。

图 1.38　按钮外观

1—常开端子 4NO；2—常开端子 3NO

图 1.39　按钮外观

（2）3 和 4 构成停止按钮的 1 组常闭点，与 QF5 火线、L305 的 D01 连接，用于抽油机的本地停止。

停止按钮型号为 LAY5EA45，有 1 组常开点+1 组常闭点（1NO+1NC），按钮外观如图 1.41 所示。

图 1.40　按钮接线

1,2—常开点；3,4—常闭点

图 1.41　按钮外观

12）工频/变频转换开关。

图 1.42 为旋钮接线图，其中：

（1）转换开关的 1 组常开点 1 与 L305 的 DO0、中间继电器 K1 连接，用于构成变频控制回路。

（2）转换开关的 1 组常开点 2 与 QF5 的火线，中间继电器 K1 连接，用于构成时间继电器 KT1 的控制回路。

（3）转换开关的 1 组常闭点 3 与 L305 的 DO0、电动机综合保护器的 K1 连接，用于构成工频控制回路。

转换开关型号为 LAY5BJ23，有 2 组常开点+1 组常闭点（2NO+1NC），该旋钮用于抽油机工频/变频的模式切换，旋钮外观如图 1.43 所示。

图 1.42　旋钮接线

1,2——组常开点；3——组常闭点

图 1.43　旋钮外观

13）冲次调节手动/自动开关。

图 1.44 为冲次调节转换旋钮接线图，其中：

（1）1 和 2 构成转换开关的 1 组常闭点，与变频器的功能端子 S5、COM 连接，用于变频器自动调节选择。

（2）3 和 4 构成转换开关的 1 组常闭点，5 和 6 构成转换开关的 1 组常闭点。这两组常闭点相连接，又分别和 L305 的 DI0、开关电源的+24V 连接，用于变频器调节状态的输入。

（3）7 和 8 构成转换开关的 1 组常开点，与变频器 S2、COM 连接，用于变频器手动调节的选择。

冲次调节转换旋钮型号为 LAY5EJ31，有 1 组常开点+3 组常闭点（1NO+3NC），该旋钮用于抽油机冲次调节手动/自动状态的转换，旋钮外观如图 1.45 所示。

14）平衡调节手/自动开关。

图 1.46 平衡调节转换旋钮接线图，其中：

（1）1 和 2 为支撑转换开关的 1 组常闭点，7 和 8 构成 1 组常闭点。这两组常闭点相连接，又分别和 L305 的 DO2/DO3、QF5 的火线连接，用于自动平衡调节选择。

图 1.44　旋钮接线
1,2,3,4,5,6—常闭点；7,8—常开点

图 1.45　旋钮外观

（2）3 和 4 构成 1 组常闭点，9 和 10 构成 1 组常闭点。这两组常闭点相连接，又分别和 L305 的 DI1、开关电源的 24V+连接，用于平衡调节状态的输入。

（5）5 和 6 构成 1 组常开点，与 QF5 火线、"上移减少""下移增加"按钮连接，用于手动平衡调节选择。

平衡调节转换旋钮型号为 LAY5BJ31，有 1 组常开点+4 组常闭点（1NO+4NC），该旋钮用于抽油机平衡调节手动/自动状态的转换，旋钮外观如图 1.47 所示。

15）平衡增加/减少按钮。

图 1.48 为平衡增加/减少按钮外观图。

图 1.49 为平衡增加/减少按钮接线图，其中：

（1）1 和 2 构成"上移减少"按钮的 1 组常开点，与平衡调节转换开关的手动点、KM4 的常闭点连接，用于平衡电动机平衡度手动"上移减少"的调节。

（2）按钮与平衡调节转换开关的手动点、KM3 的常闭点连接，用于平衡电动机平衡度手动"下移增加"的调节。

平衡增加/减少按钮型号为 LAY5EA21，有 1 组常开点（1NO），该按钮用于抽油机手动平衡的调节。

16）冲次调节旋钮。

图 1.50 冲次调节旋钮接线图，其中：

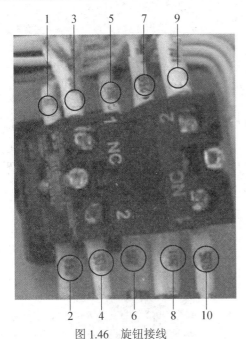

图 1.46　旋钮接线

1,2,3,4,7,8,9,10—常闭点；5,6—常开点

图 1.47　旋钮外观

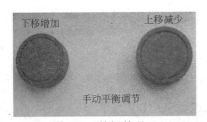

图 1.48　按钮外观

图 1.49　旋钮接线

1,2—常开点

（1）为调节旋钮的 1 号端子，与变频器 AI 输入端的公共端 GND 连接。

（2）为调节旋钮的 2 号端子，与变频器 AI 输入端的 AI1 连接，用于模拟电压量的输入。

（3）为调节旋钮 3 号端子，与变频器的 AI 输入端的+10V 连接，用于给调节旋钮提供 10V 电压。

性能参数如下：

（1）型号为 WH118-2W-4K7。

（2）公称阻值为 470～500kΩ；额定功率为 2W。

（3）最高使用电压为 AC500V；耐电压 AC900V。

（4）总机械行程为 260°±10°；使用温度为-10～85℃。

该旋钮作用为抽油机在变频状态下运行时，在本地通过转动该旋钮，改变变频器 AI1 通道的电压值，改变变频器的频率，从而改变抽油机的转速，达到调节抽油机的冲次的目的，旋钮外观如图 1.51 所示。

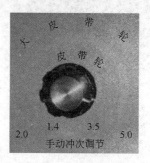

图 1.50　旋钮接线　　　　图 1.51　旋钮外观

1—1 号端子；2—2 号端子；3—3 号端子

1.2　控制柜接线原理图

1.2.1　RTU 接线图

L305 接线如图 1.52、图 1.53 所示。

1.2.1.1　井口 RTUL305 与电参数模块 SU306 通信接线

L305 模块 COM0 与 SU306 模块 COM0 之间用 RS485 线相连，通过 RS485 通信 L305 从 SU306 电参数模块中读取电流、电压数据。

如图 1.54 所示，实线代表 RS485 线 A，虚线代表 RS485 线 B。

若 L305 中无电参数数据，首先看 SU306 是否正常工作，若 SU306 工作正常，则需查看 SU306 的 TXO 与 RX0 灯（图 1.55 椭圆中的绿灯与红灯）是否交替闪烁；若红灯与绿灯不闪，则说明 L305 与 SU306 之间无通信，可检测 RS485 线连接是

否正常，若 RS485 线连接正常，则需检测 L305 的 COM0 口与 SU306 的 COM0
口；若红灯与绿灯闪烁正常，则说明 SU306 与 L305 通信正常，则需检测 SU306
模块。

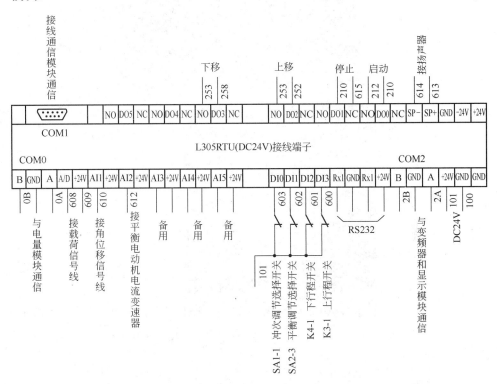

图 1.52　RTUL305 接线示意图

图 1.53　RTUL305 接线图

图 1.54 井口 RTUL305 与电参数模块 SU306 通信接线图

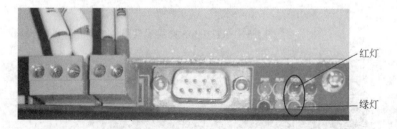

图 1.55 SU306 的 TXO 与 RX0 灯

1.2.1.2 井口 RTUL305 与通信模块 SZ930 通信

L305 的 COM1 口与通信模块 SZ930 通过 RS232 串口线相连，通过 RS232 通信将 L305 模块中的数据传输到通信模块，经通信模块将井口数据传输至井场主 RTU 模块。连接如图 1.56 所示。

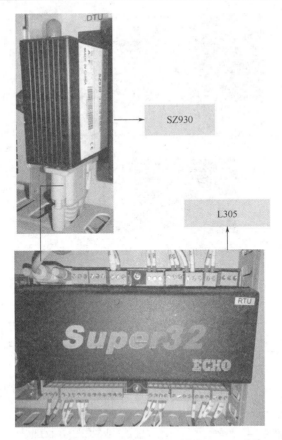

图 1.56 井口 RTUL305 与通信模块 SZ930 通信

1.2.1.3 井口 RTUL305 与变频器和显示模块通信

L305 的 COM2 口与变频器的 RS485 口以及显示模块的 RS485 口通过 RS485 线相连接。如图 1.57 所示，实线代表 RS485 线 A，虚线代表 RS485 线 B。

1.2.2 控制柜主回路接线图

工频主回路接线如图 1.58 所示。
变频主回路接线如图 1.59 所示。
平衡电动机主回路如图 1.60 所示。
工频二次回路如图 1.61 所示。

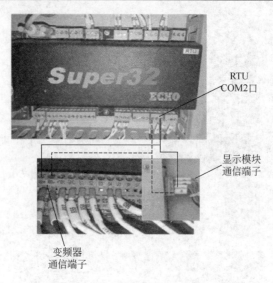

RTU
COM2口

显示模块
通信端子

变频器
通信端子

图 1.57　井口 RTUL305 与变频器和显示模块通信

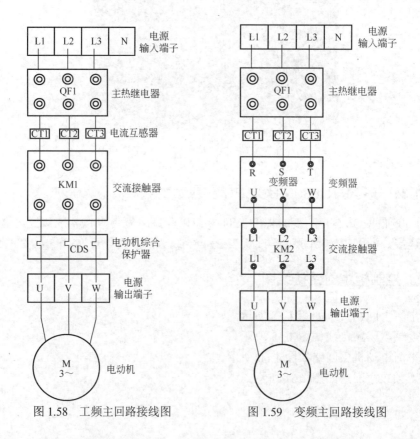

图 1.58　工频主回路接线图　　　　图 1.59　变频主回路接线图

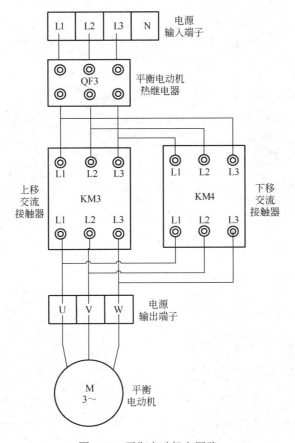

图 1.60　平衡电动机主回路

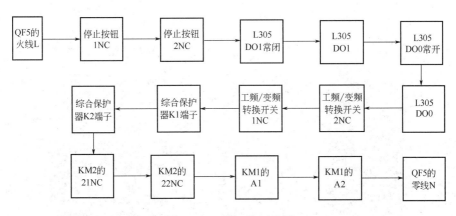

图 1.61　工频二次回路图

停止按钮 1NC、2NC 如图 1.62 所示，L305DO1 如图 1.63 所示，L305DO0

如图 1.64 所示，工频/变频转换开关 1NC、2NC 如图 1.65 所示，电动机综合保护器 K1、K2 如图 1.66 所示，KM2 的 21NC、22NC 如图 1.67 所示，KM1 的 A1、A2 如图 1.68 所示。

图 1.62 停止按钮 1NC、2NC

图 1.63 L305DO1

图 1.64 L305DO0

图 1.65 工频/变频转换开关 1NC、2NC

图 1.66 电动机综合保护器 K1、K2

图 1.67 KM2 的 21NC、22NC

图 1.68 KM1 的 A1、A2

变频二次回路如图 1.69 所示。

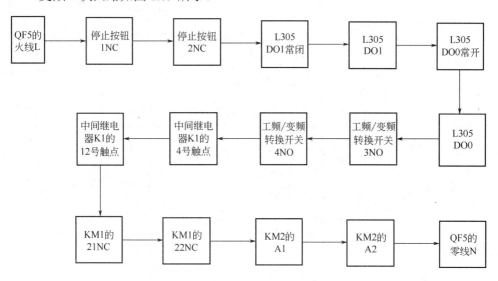

图 1.69 变频二次回路图

中间继电器 K14 号、12 号触点如图 1.70 所示，KM1 的 21NC、22NC 如图 1.71 所示，KM2 的 A1、A2 如图 1.72 所示。

图 1.70 中间继电器 K14 号、12 号触点

图 1.71 KM1 的 21NC、22NC

图 1.72 KM2 的 A1、A2

变频器接线如图 1.73 所示。

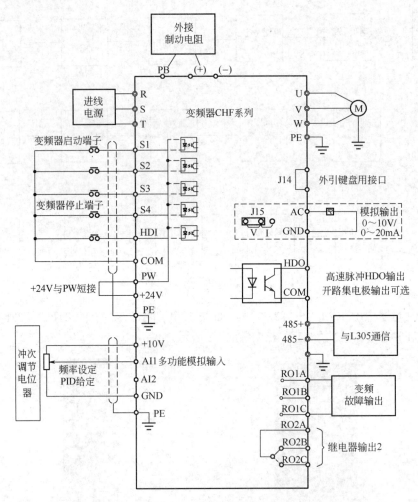

图 1.73　变频器接线图

2 日常维护

数字化抽油机控制柜安装在室外，长期的雨水风沙会导致部分设备无法正常使用，为了减少环境因素对数字化抽油机正常使用的影响，需要定期对数字化抽油机控制柜及内部设备部件接线等进行除尘、紧固、防雷、接地测试。

2.1 控制柜端子检查

每年应定时紧固柜内端子及元器件端子（图 2.1）接线一次。

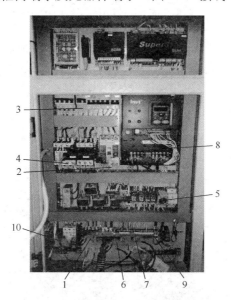

图 2.1 控制柜端子紧固点

1—进线接线端子；2—主回路控制开关进出接线口（QF1）；3—内部主要设备控制开关进出接线口（QF2～QF5）；

4—主电动机工频、变频交流接触器接线口；5—平衡电动机上行下行交流接触器接线口；6—主电动机出线接线端子；

7—平衡电动机出线接线端子；8—变频器进出接线端子；9—载荷角位移进线端子；10—防雷栅进出线口

2.2 控制柜除尘

每月对数字化抽油机控制柜内吸尘一次。

2.3 环境因素检查

每半年检查电柜周围环境、利用温度计、湿度计检查控制柜内温度-30～50℃，湿度90%以下。

2.4 设备检查

每半年检查全部装置是否有异常振动、声音。

2.5 动力电检查

每半年检查电源电压（图2.2）是否正常。

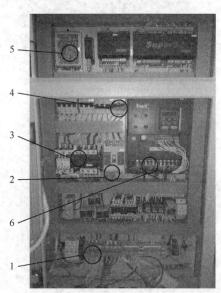

图2.2 控制柜动力电检查点

1—进线接线端（380V）；2—主回路控制开关进出线端电压（QF1）；3—主电动机交流接触器进出电压；

4—220V供电电压；5—24V供电电压；6—变频器供电电压

2.6　连接线缆、交流接触器、变频器检查

2.6.1　连接线缆

每半年检查端子排是否损伤，导线外层是否破损，线路接头是否氧化、松动或接头是否发热。

断开井场控制柜对应抽油机控制空开，带上绝缘手套对控制柜内部所有线路接头摇晃检查。

2.6.2　交流接触器

每半年检查交流接触器动作时是否有"哗哗"声音，运行是否正常。

戴上绝缘手套关闭主回路，空开 QF1、QF2、QF3、QF4，打开 QF5，按启动停止按钮观察主电动机交流接触器是否有动作和声音，同样方法检查平衡电动机交流接触器（图 2.3）。

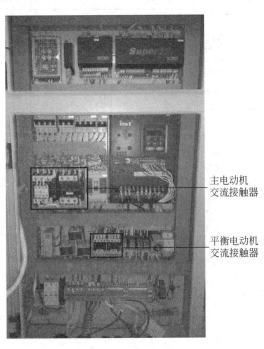

图 2.3　接触器检查点

2.6.3 变频器检查

每半年检查变频器运行情况，按照变频器日常维护进行检查维护。

2.7 变频器日常维护

为了防止变频器的故障，保证设备正常运行，延长变频器的使用寿命，需要对变频器（图 2.4）进行日常维护，日常维护的内容见表 2.1。

表 2.1　变频器日常维护

检查项目	内　　容
温度/湿度	确认环境温度在 0~50℃，湿度在 20%~90%
油雾和粉尘	确认变频器内无油雾、粉尘、凝水
变频器	检查变频器有无异常发热、异常振动
风扇	确认风扇运转正常、无杂物卡住等情况
输入电源	确认输入电源的电压和频率在允许的范围内
电动机	检查电动机有无异常振动、发热，有无异常噪声及缺相等问题

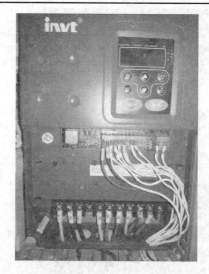

图 2.4　变频器

2.8 定期维护

为了防止变频器发生故障，确保其长时间、高性能稳定运行，用户必须定期

（半年以内）对变频器进行检查，检查内容见表2.2。

表2.2 变频器定期检查

检查项目	检查内容	排除方法
外部端子的螺栓	螺栓是否松动	拧紧
PCB板	粉尘、脏物	用干燥压缩空气全面清除杂物
风扇	异常噪声和振动、累计时间是否超过20000h	清除杂物、更换风扇
电解电容	是否变色、有无异味	更换电解电容
散热器	粉尘、脏物	用干燥压缩空气全面清除杂物
功率元器件	粉尘、脏物	用干燥压缩空气全面清除杂物

1）每半年检查控制柜外壳是否有变形、裂缝、损伤，内部设备固定是否牢固，柜门防尘密封胶垫（图2.5）完好。

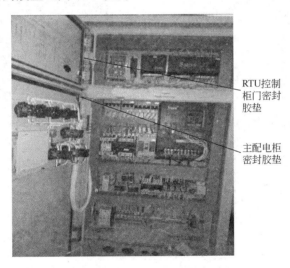

RTU控制柜门密封胶垫

主配电柜密封胶垫

图2.5 柜门防尘密封胶垫

2）每半年进行一次控制柜接地电阻测试，确保控制柜接地电阻在4Ω一下。接地电阻测试仪操作方法如下：

1）从左至右依次为：P2口插红线，E2ACV口插黄线，E1COM口插绿线（图2.6）。

2）绿线另一端夹在接地扁铁上（图2.7）。

3）红线和黄线的另一端夹在接地桩上。接地桩必须完全插入地面，所有线不能有交叉（图2.8、图2.9）。

4）首先按下"750V～"按钮（图2.10），测试是否带电，测试无电后方可进行下一步测试。

图 2.6　接地电阻测试仪

图 2.7　接地电阻测试仪绿线连接

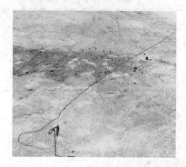

图 2.8　接地电阻测试仪红线连接

图 2.9　接地电阻测试仪黄线连接

图 2.10　接地电阻测试仪的按钮位

5）按下"1000Ω"按钮后，再按住"PRESS TO TEST"测试按钮，向右转动使测试仪保持测试状态。

6）然后根据现场情况，按照从大到小的顺序按下"100Ω""10Ω"按钮，逐步增加测量精确度。

2.9　启、停机操作

严格按照数字化抽油机说明进行启停操作（严禁抽油机在运行时工频/变频切换）。

2.9.1 数字化抽油机现场工频/变频停止操作

1）检查抽油机防护栏内无障碍物。

2）试电笔测试控制柜有无带电（柜门锁芯处测试）。

3）使用一字钥匙打开操作控制柜门。

4）等待抽油机运行到下死点位置时按停止按钮。

5）抽油机停稳后拉紧刹车。

6）使用三角钥匙打开主电路控制柜门。

7）戴上绝缘手套，关闭主回路空开 QF1 和 RTU 供电空开 QF5，关锁柜门（防止其他人员远程启动抽油机）。

8）根据需要锁紧变速箱锁死装置。

2.9.2 数字化抽油机现场工频/变频启动操作

1）打开抽油机变速箱锁死装置。

2）观察抽油机防护栏内无障碍物。

3）使用三角钥匙打开主电路控制柜门。

4）戴上绝缘手套，推合主回路空开（QF1）和 RTU 供电空开（QF5）。

5）关锁柜门，松开抽油机刹车。

6）使用一字钥匙打开操作控制柜门。

7）按需要调整抽油机运行状态（工频/变频）。

8）按启动按钮并观察抽油机和控制柜是否正常运行（严禁抽油机在运行时工频/变频直接切换）。

9）填写数字化抽油机日常检查维护确认表（附录1）。

2.10 L305 模块更换操作步骤

1）停机。

（1）选取试电笔、十字螺丝刀、绝缘手套、十字钥匙、一字钥匙、警示牌、下载好程序的新 L305 模块、USB 转串口调试线、便携式计算机（配套调试软件）。

（2）测试试电笔。

（3）在控制柜门钥匙口处进行漏电测试。

（4）用钥匙打开控制柜操作门。

（5）在驴头下死点位置时按停止按钮，刹紧刹车。

2）拆卸 L305 模块。

（1）用钥匙打开控制柜主配电柜门、L305 模块控制柜门。

（2）戴绝缘手套，关闭主回路开关（QF1）、L305 模块供电开关（QF5）、三相电参数采集电源开关（QF4），观察 L305 模块是否断电。

（3）关闭主配电柜门。

（4）挂警示牌。

（5）拆 L305 模块接线端子排。

（6）使用十字螺丝刀卸松 L305 模块固定螺栓。

（7）拆下 L305 模块。

3）安装 L305 模块。

（1）将旧模块闲置接线端子排换至新模块相同接线口处。

（2）安装新 L305 模块。

（3）插入数据、电源排线。

（4）戴绝缘手套，合主回路开关（QF1）、L305 模块供电开关（QF5）、三相电参数采集电源开关（QF4）。

（5）摘下警示牌。

4）调试 L305 模块。

（1）断开 L305 模块供电开关，插入调试串口线到 L305 模块 COM 口。

（2）戴绝缘手套，合 L305 模块供电开关。

（3）连接调试串口线到便携式计算机 USB 口。

（4）打开调试软件，更改本机设置中 COM 口通信参数。

（5）点击基本参数，上传 RTU 参数，更改相应的驴头半径、主电动机电流参数。

（6）点击下载，保存配置。

（7）戴绝缘手套，对 L305 模块进行断电、上电操作。

（8）上传基本参数，确认 L305 模块已经运行新参数。

（9）关闭调试软件。

（10）拔掉 USB 接口，戴绝缘手套，关闭 L305 模块供电开关，拔下调试串口线。

（11）插入无线通信模块串口线到 L305 模块 COM 口，上紧固定螺栓。

（12）戴绝缘手套，合 L305 模块供电开关，观察 L305 模块供电运行正常。

（13）用钥匙关闭控制柜主配电柜门、L305 模块控制柜门。

5）启动抽油机。

（1）松开刹车。

（2）在变频状态下按启动按钮，启动抽油机。

（3）用钥匙关闭控制柜操作门。

2.11　控制柜内 24V 开关电源更换操作步骤

1）停机。

（1）选取试电笔、十字螺丝刀、平口螺丝刀、绝缘手套、十字钥匙、一字钥匙、警示牌、24V 供电电源。

（2）测试试电笔。

（3）在控制柜门钥匙口处进行漏电测试。

（4）用钥匙打开控制柜操作门。

（5）在驴头下死点位置时按停止按钮，刹紧刹车。

2）拆卸电源。

（1）用钥匙打开控制柜主配电柜门、RTU 控制柜门。

（2）戴绝缘手套，关闭主回路开关（QF1）、RTU 供电开关（QF5）、三相电参数采集电源开关（QF4）。

（3）关闭主配电柜门。

（4）挂警示牌。

（5）使用平口螺丝刀拆下损坏的 24V 供电电源的进出线。

（6）使用十字螺丝刀卸松 24V 供电电源固定螺栓。

（7）拆下 24V 供电电源。

3）安装 24V 供电电源。

（1）安装新 24V 供电电源，拧紧固定螺栓。

（2）对应插接好 24V 供电电源进出电源线。

（3）戴绝缘手套，合主回路开关（QF1）、RTU 供电开关（QF5）、三相电参数采集电源开关（QF4）。

（4）检查 RTU 模块电源指示灯都正常。

（5）摘下警示牌。

（6）关闭主配电柜门。

4）启动抽油机。

（1）松开刹车。

（2）在变频状态下按启动按钮，启动抽油机。

（3）用钥匙关闭控制柜操作门。

2.12　交流接触器更换步骤

1）停抽油机。

2）拆卸交流接触器。

（1）用钥匙打开控制柜主配电柜门、RTU控制柜门。

（2）戴绝缘手套，关闭主回路开关（QF1）、RTU供电开关（QF5）、三相电参数采集电源开关（QF4）。

（3）关闭主配电柜门。

（4）挂警示牌。

（5）使用平口螺丝刀拆下损坏的交流接触器的进出线。

（6）使用十字螺丝刀卸下固定螺栓。

（7）更换交流接触器。

3）安装交流接触器。

（1）安装新交流接触器，拧紧固定螺栓。

（2）对应插接好交流接触器进出电源线。

（3）戴绝缘手套，合主回路开关（QF1）、RTU供电开关（QF5）、三相电参数采集电源开关（QF4）。

（4）检查交流接触器的通断。

（5）摘下警示牌。

（6）关闭主配电柜门。

4）启动抽油机。

（1）松开刹车。

（2）在变频状态下按启动按钮，启动抽油机。

（3）用钥匙关闭控制柜操作门。

3 常见故障处理

3.1 工频反转、变频正转

检查项目：工频主回路相序。

处理方法：调整 KM1 输出端电源线相序，L1、L2、L3 任意两个互换位置。

3.2 工频正转、变频反转

检查项目：变频主回路相序。

处理方法：调整变频器输出端电源线相序，U、V、W 任意两个互换位置。

3.3 工频、变频均反转

检查项目：控制柜电动机进线。

处理方法：调整主电动机电源线的相序，U、V、W 任意两个互换位置。

3.4 工频、变频均无法启动

检查项目及处理方法如下：

1）查看控制柜是否供电。

将柜内所有热继电器断开，用万用表测量控制柜进线端子 XT1 的 L1、L2、L3 之间电压是否为 AC380V，L1、L2、L3 与 N（零线）和 PE（接地线）之间的电压是否为 AC220V，如果以上测量达标则说明控制柜供电正常。

2）检查热继电器（QF1、QF5）的进线端接线是否松动。

用万用表测量 QF1 的 L1、L2、L3 之间电压是否为 AC380V，QF5 的 L、N 之间电压是否为 AC220V，如二者电压均达标，闭合 QF1 和 QF5，检测其输出端电压是否为 AC380V 和 AC220V，若正常，则断开 QF1、QF5，进入控制回路的检测工作。

3）工频/变频转换开关接线、工作是否正常。

用万用表测量"工频/变频转换开关"的接线端子，将转换开关拨到"工频状态"，若 1NC 与 2NC 端子连通，3NO 与 4NO 断开，拨到"变频状态"，若 1NC 与 2NC 端子断开，3NO 与 4NO 连通，则说明转换开关正常。

4）启动、停止按钮接线、工作是否正常。

用万用表测量"启动按钮"的接线端子，按下"启动按钮"为连通，松开之后为断开，说明"启动按钮"正常；用万用表测量"停止按钮"的 1NC/2NC 端子，按下"停止按钮"为断开，松开之后为连通，说明"停止按钮"正常。

5）L305 模块 DO1 常闭端子、DO0 常开端子接线是否正常。

用万用表测量 DO1 的 DO1 端子与 NC 端子，若连通则 DO1 正常，DO0 的 DO0 端子与 NO 端子，若断开则 DO0 正常。

6）检查工频控制回路：

（1）用万用表测量综合电动机保护器的 K1、K2 端子，若连通，则说明保护器正常，否则为故障。

（2）测量交流接触器 KM2 的常闭端子 21NC、22NC，若连通，则该端子正常，否则为故障。

（3）闭合 QF5，测量交流接触器 KM1 的线圈 A1/A2 端子电压，若为 AC220V，则说明该线圈正常，否则为故障。

（4）将"工频/变频转换开关"拨到"工频状态"，按下"启动按钮"，交流接触器 KM1 吸合，按下"停止按钮"，交流接触器 KM1 断开，说明交流接触器 KM1 控制部分正常。

（5）闭合 QF1，按下"启动按钮"，测量 KM1 输出端三相电压，若三相之间线电压为 AC380V，三相与零线之间相电压为 AC220V，则说明交流接触器 KM1 正常，控制柜工频部分正常，否则为交流接触器故障；若一切正常需检查控制柜到电动机线缆及电动机。

7）检查变频控制回路。

（1）用万用表测量中间继电器 K1 的 4 号、12 号端子，若连通说明该端子正常，否则为故障。

（2）测量交流接触器 KM1 的常闭端子 21NC、22NC，若连通，则该端子正常，否则为故障。

（3）闭合 QF5，测量交流接触器 KM2 的线圈 A1/A2 端子电压，若为 AC220V，则说明该线圈正常，否则为故障。

（4）将"工频/变频转换开关"拨到"变频状态"按下"启动按钮"，交流接触器 KM2 吸合，按下"停止按钮"，交流接触器断开，说明交流接触器 KM2 控制部分正常。

（5）闭合 QF1，按下"启动按钮"，KM2 吸合，变频器启动，测量 KM2 输出端三相电压，若三相之间线电压为 AC380V，三相与零线之间相电压为 AC220V，按下"停止按钮"，KM2 与变频器断开，则说明交流接触器 KM2 与变频器都正常，控制柜变频部分正常。

（6）若变频器未启动，检查变频器 S1/COM 端子接线是否松动，同时将 S1/COM 短接，若变频器启动，等变频器完全稳定工作后，将 S4/COM 短接，变频停止，则说明变频器正常。

（7）检查 KM2 常开点 73NO/74NO 之间电压，若为 0，则说明正常，若为 AC220V，则该组端子故障，断开电源，更换 KM2。

（8）若以上检测均正常，须检查控制柜到电动机线缆及电动机。

3.5　无法手动调节冲次

检查项目：冲次调节转换开关、手动冲次调节旋钮及接线。

处理方法：检查冲次调节转换开关是否拨到手动状态，接线是否正确；检查变频器 S2/COM 端子接线是否正常；检查电位器电阻是否变化，电位器与变频器连接线路是否正常，变频器模拟量输入端子 AI1、GND、+10V 接线是否正常；检查变频器电路板上 J16 跳线是否正常。

3.6　无法手动调节平衡

检查项目：QF3、旋钮挡位、接线、按钮、KM3/KM4、航空插头、平衡电动机。

处理方法如下：

1）首先检查 QF3 供电是否正常，平衡调节按钮是否工作正常，交流接触器 KM3/KM4 上端是否有电压（351、352、353），如有限位开关，检查开关常开点是否正常，以及检查抽油机从平衡电动机出线端到控制柜电动机接线端子线路是否正常，各个航空插头连接是否到位，旋钮要拨到手动挡，接线是否有脱落；中间继电器 K3、K4 的 4 号、12 号常闭触点是否正常，接线是否有脱落。

2）检查抽油机平衡装置机械是否卡死。

平衡电动机控制回路如图 3.1 所示。

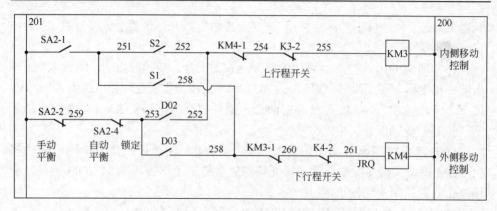

图 3.1　平衡电动机控制回路图

3.7　无法远程调节冲次

检查项目：检查冲次调节转换开关的位置，L305 模块，变频器。

处理方法：确保冲次旋钮拨到自动挡，检查接线是否有脱落、旋钮是否完好（用通断来检测），变频器的 RS485 通信端子是否正常，接线是否脱落；检查 L305 模块是否正常工作，DI0 输入端子是否正常，接线是否脱落。

3.8　显示模块无显示或显示为 0

检查项目：开关电源，显示模块通信线路。

处理方法：

1）显示模块无显示，检查输入端供电是否为 DC24V，接线是否脱落，开关电源是否正常。

2）显示模块显示为 0，检查通信端子是否正常，接线是否脱落，检查 L305 模块 RS485-2 串口是否正常，接线是否脱落，RS485 线是否正常。

3.9　开关电源无输出

检查项目：QF5 正常供电，线路虚接，电源是否完好。

处理方法：去掉电源负载，检查开关电源输入端接线是否脱落；确保 QF5 供电正常，检查 FU2 熔断丝是否烧断，检查开关电源输入端供电是否正常；检查输出端输出电压是否为 DC24V；上述一切正常，装上负载检查输出端输出电压是否为 DC24V，若此时无输出，则需要检查相应负载的线路。

3.10 L305(RTU)/SU306（电参数采集模块）/ SZ930（通信模块）及显示模块无法工作

检查项目：QF5 正常供电、线路、开关电源。

处理方法：

1）检查开关电源是否正常，参看开关电源故障处理。

2）若电源模块正常，则某个负载或者负载线存在短路现象，逐一进行排查即可。

3.11 ESD32_V522(udp).exe、RPC(sxb)、无法连接RTU

检查项目：串口驱动、PC 机 COM 口设置，ESD32_V522（udp）.exe 的本地设置是否正确。

处理方法：PC 机正确的安装驱动及 COM 口的设置，ESD32_V522(udp).exe 的本地设置是否正确，RTU 是否死机，需重新断电、上电；如果可以连接其他 RTU 则需更换 RTU（RPC 调试软件参数写入不成功，重新下载程序初始化模块）。

3.12 喇叭无响声

检查项目：L305 模块的端子、喇叭。

处理方法：调试试机时开机喇叭不响，查看 SPK+ "线号：614" 和 SPK- "线号：613" 端子接线是否正确，再检查端子的故障，解决方案两种：端子内部的发热导体和外壳连接或者模块外壳与电阻接触。

3.13 用 RPC(sxb)在井口扫描无示功图

检查项目：查看角位移或载荷。

处理方法：检查端子 24V 供电是否正常，载荷角位移信号线电压是否为 24V，再量电流是否变化范围为 4～20mA 如正常，更换载荷或角位移即可。

3.14 RPC(sxb)软件上无电参数数据

检查项目：电参数采集模块，QF4 空开。

处理方法：查看 L306 模块和 L305 模块的 RS485 接线是否接反，再检查 306 模块内部故障；电参数采集模块正常，QF4 合闸正确供电，确保输出有电压。

3.15 RPC(sxb)无法调节变频频率

检查项目：调节转换开关、串口线、变频器程序。

处理方法：检查频率调节转换开关是否在自动调节位置、RPC(sxb)频率选择应为手动调节、确认串口线是否正确连接，变频器是否报错，如果报错，查看说明书或联系厂家。

3.16 站控无示功图

检查项目：数据库、上位机标准配置文件、通信、参数设置、抽油机。

处理方法：检查抽油机是否启动；通信是否正常；检查数据库中相关数据表是否有数据，确定配置表是否正确导入，检查数据点是否正确；示功图的采集点数、载荷、角位移是否正常。

常见故障表见附录 2。

4 控制柜调试指南

4.1 L305 井口 RTU 程序下载

查看 PC 机的 COM 端口：我的电脑属性——硬件——设备管理器（图 4.1）。

图 4.1 串口检查界面

软件一般默认使用 PC 机的 COM1 端口，为了调试方便和避免通讯连接问题，尽量将 PC 机的端口设置为 COM1 口进行调试。

4.1.1 运行 ESD32_V522(udp)程序下载工具

1）打开"L305 调试\L305 程序下载软件"，打开"ESD32_V522(UDP)"（图 4.2）如出现错误对话框，提示缺少一个.dll 文件，安装 ESD32_v522-1.exe 包，即可正常运行 ESD32_V522(UDP)。

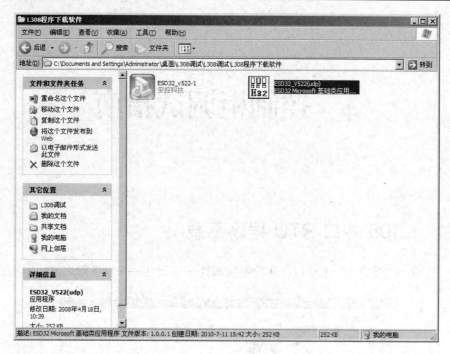

图 4.2　程序下载软件

2）ESD32_V522(udp)下载界面（图 4.3）。

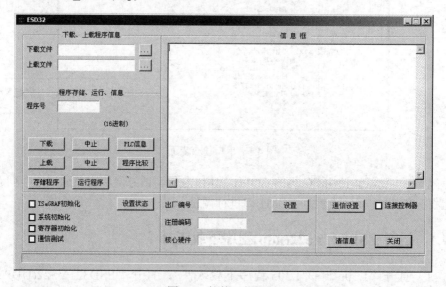

图 4.3　软件下载界面

3）点击"通信设置"配置串口（图 4.4）。

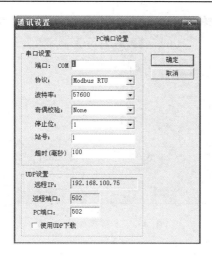

图 4.4　通信设置界面

4.1.2　程序下载

1）建立连接，在"连接控制器"前的方框中打"√"（图 4.5）。

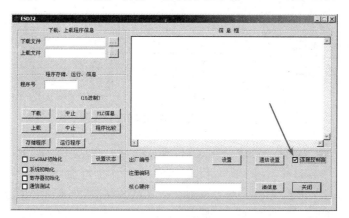

图 4.5　连接控制器打"√"

2）对 L305 井口 RTU 重新上电（注意，断电后等待 L305 井口 RTU 指示灯全灭，再上电），在"信息栏"出现"下载连接已建立"。取消"连接控制器"方框里的"√"。

3）点击"下载文件"右侧"…"按钮，选择"L305 调试\L305 程序"，选中文件"L305_RPC_V5.21.bin"，点击"打开"，然后点击"下载"（图 4.6、图 4.7、图 4.8）。

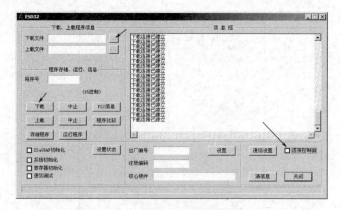

图 4.6　下载操作步骤

图 4.7　选择"L305 调试\L305"步骤

图 4.8　下载完成步骤

4）点击"存储程序"（图 4.9）。

图 4.9 "存储程序"步骤

5）点击"运行程序"（图 4.10）。

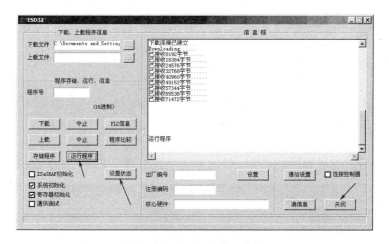

图 4.10 "运行程序"步骤

6）点击"关闭"，重启井口 RTU。

注意：断电后等待井口 RTU 指示灯全灭，再上电。

4.1.3 注意事项

1）此操作在模块出厂前已进行。如若模块出现故障无法连接或不能正常设置参数，可进行上述操作。

2）设置好状态后，一定要单击"运行程序"按钮，将程序运行，否则初始化操作不能执行。

3）控制器初始化后，所有串口参数将恢复为 9600、8、n、1，站号为 1。

4）程序下载后必须重新上电，加密狗才能起作用，否则将造成控制器死机。

4.2 L305 井口 RTU 参数设置

1）将 PC 机用串口线连接控制器的 COM1 口，运行"RPC(sxb).exe"软件，如图 4.11 所示。

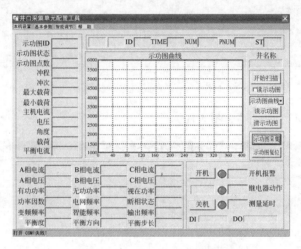

图 4.11 "RPC(sxb).exe"软件运行图

2）打开"本机设置"设置文件的存储路径和通信串口，如图 4.12 所示。

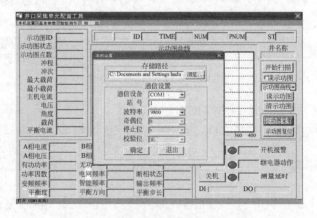

图 4.12 设置文件的存储路径和通信串口

设置完成后选择确定（通讯口默认状态为 COM1）。

3）打开"基本参数"，如图 4.13 所示。

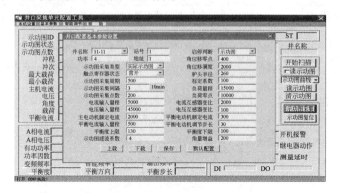

图 4.13　设置"基本参数"

"基本参数"设置信息见表 4.1。

表 4.1　设置"基本参数"信息

名　　称	设　置　值	备　　注
井名称	自设	
站号	预留	
功率	预留	
地址	预留	
示功图采集类型	实际示功图	
触点寄存器状态	预留	
示功图采集周期	500	
示功图采集间隔	3	
示功图采集点数	200	采集点数
电流输入量程	5000(50A)	
电压输入量程	45000(450V)	
电流互感器变比	2000	
电压互感器变比	100	
启停判断	示功图	
角位移零点	400(4mA)	根据公司标定角位移标定值输入
角位移满度	2000(20mA)	
驴头半径	290（半径为 2.9m）	以现场实际驴头半径为准，如果没有该参数则现场实际测量
标定系数	100	

续表

名　称	设　置　值	备　注
位移滤波系数	100	滤波系数范围1～100，100表示没有滤波
负荷零点	10000	根据公司标定负荷标定值输入
负荷量程	15000	
负荷增益	200	
负荷滤波系数	100	滤波系数范围1～100，100表示没有滤波
示功图滤波系数	4	示功图滤波系数范围1～4
主电动机额定电流	2000（20A）	根据实际主电动机情况设定
平衡电流输入量程	500（5A）	采集平衡电动机电流的仪表量程
平衡度上限	110	平衡度超过该值为过平衡，超过该值平衡电动机将在下一次示功图上传至站控平台（或10min）后进行自动调节
平衡电动机额定电流	300（3A）	平衡电动机最大工作电流，超过该值电动机自动停止工作
平衡电动机步长	30（30s）	
平衡度下限	80	平衡度超过该值为欠平衡，小于该值平衡电动机将在下一次示功图上传至站控平台（或10min）后进行自动调节

将所有的参数设置完成后选择"下载""保存"，然后退出基本参数页面。

4）打开"智能调节"。

在控制柜旋钮或者按钮选择自动状态下，控制器可以进行远程自动和远程手动调节。

如图4.14所示，控制器选择为远程自动调节。

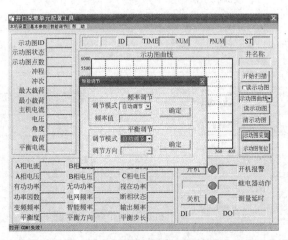

图4.14　控制器选择远程自动调节

频率调节：手动调节，3000为手动设置变频器频率30Hz。

平衡调节：手动调节，可选择加大配重或者减小配重，平衡电动机将在超过平衡额定电流值或者平衡步长30s计时到位停止工作，如图4.15所示。

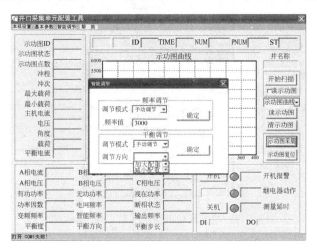

图4.15 "频率调节"和"平衡调节"设置

5）查看示功图、电流图。

点击开始扫描按钮后，可以在下拉框选择查看示功图或电流图曲线。如图4.16所示。

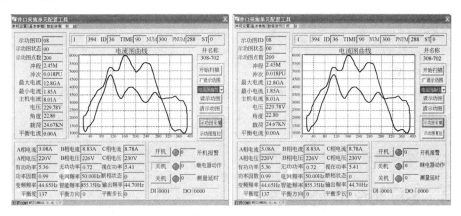

图4.16 查看示功图曲线、电流图曲线

4.3 SZ930无线通信模块配置

1）无线通信模块配置工具，如图4.17所示。

图 4.17　"无线通信模块配置工具"示意图

ID：标示 ID。

CH：通道号。

PL：功率。

MY：地址——FC00 开始。

DH：地址数据位高位。

DL：地址数据位低位。

AP：通信方式。

SM：休眠。

2）SZ930 的配置。

设置计算机的通信串口，单击打开修改的地方：CH1-15，MYFC00 开始，以此类推，FC0F 对应上位机配置 48，DL8400 其他的地方不变，然后下载参数，断电。

注：每次设置完参数都需要断电。

4.4　SU306 电量模块

4.4.1　电量模块程序下载

电量模块通过模块的 RS485 口（2A/2B），通过 RS485 转 RS232 模块连接计算机，利用 ![图标] 进行程序下载，下载操作步骤、下载注意事项与 L305 模块一致。程序为 ENGY_RS485_V3.05、ENGY_RS485_V3.06。

4.4.2　电量模块参数设置

通过对电量模块进行参数设置，对计算机进行端口配置。

4.5　L305 井口 RTU 检测

L305 各 I/O 通道检测内容如下：

1）COM0 口接电量模块为从站，COM2 口接变频器和显示模块从站，L305 为主站，利用相关软件，如：用软件 modscam 来模拟从站仪表，往仪表内主站所读取的寄存器地址赋值；用软件 modscan 通过 L305 的调试口 COM1 来读取从站仪表相关的寄存器地址，查看数值变化是否一致，判断 RS485 口工作是否正常。

2）AI 通道检测，使用角位移或者可变电阻等仪表来模拟。L305AI 通道上接入模拟仪表，观察 AI 通道数值是否线性变化。如果线性变化，则 AI 通道工作正常。

3）DO 通道检测，通过 MODCAN 或者调试软件相应 DO 通道下发命令，使用万用表的直通挡来判断，如：万用表接入 L305 的 DO1COM 和 DO1O，万用表显示断开状态。往相应寄存器地址下发命令后万用表直通挡应当显示直通状态。以上寄存器地址见表 4.2。

4）DI 通道检测，将 DI 通道使用短接线，短接断开反复操作，通过 MODCAN 或者调试软件查看相应 DI 通道状态。

5）如果 L305 通过串口无法连接调试，可使用 ESD32V522_UDP 软件下载控制程序，重新下载程序。

4.6　通信寄存器定义

4.6.1　显示模块（从站）

接口方式：RS485。
接口协议：modbus-RTU 协议。
冲次寄存器地址：0x7F00。
平衡度寄存器地址：0x7F02。

4.6.2　电量模块：SU306（从站）

接口方式：RS485。

接口协议：modbus-RTU 协议。

电参寄存器地址：30001～30016（小数位 2 位）。

电流图数据寄存器地址：30101～30500（小数位 2 位）。

电压图数据寄存器地址：30501～30900（小数位 2 位）。

有功功率图数据寄存器地址：30901～31300（小数位 2 位）。

无功功率图数据寄存器地址：31301～31700（小数位 2 位）。

4.6.3　变频器：CHF-100A（从站）

接口方式：RS485。

接口协议：modbus-RTU 协议。

设定频率寄存器地址：42001（小数位 2 位）。

读运行频率寄存器地址：43001（小数位 2 位）。

4.6.4　井口控制器：L305

L305 设备参数见表 4.2。

表 4.2　L305 设备参数表

启停控制参数	属性	参数	状　态	备　注
40491	读写			80-中控室清除 81-中控室启动 82-中控室停止
40492	只读			保留
40493	只读			保留
40494	只读			保留
40495	只读			保留
40496	只读			保留
40497	只读			保留
40498	只读			保留
40499	只读			保留
40500	只读			保留
40501	只读			保留

续表

启停控制参数	属性	参数	状　态	备　注
40502	只读			保留
40503	只读	1	运行状态	运行状态 1 停机：可以根据设定的报警启动机器 2 开机：抽油机正在运行
40504	只读			状态时间-时
40505	只读			状态时间-分
40506	只读			状态时间-秒
40507	只读	1	RPC 状态	RPC 状态 0001 控制器开状态 0002 传感器判断开 0004 位移传感器错 0008 低负荷跨度
40508	只读	1	错误状态	错误状态 0 无错误 1 错误
40509	只读	1	错误码	错误码 0001 失控 0002 低负荷 0004 高负荷 0010 位移传感器故障 0020 低位移跨度 0040 传感器故障 0080 疑似皮带断 0100 低负荷跨度 0200 负荷传感器故障 0400 皮带断报警 0800 位移标定错 1000 控制器内存错误 2000 控制器程序存储错误 4000 示功图点数异常
40510	只读	1	报警状态 1	报警状态 1 0001 空抽控制

续表

启停控制参数	属性	参数	状　态	备　　注
40510	只读	1	报警状态1	0002 周期下限报警
				0004 周期上限报警
				0008 负荷下限报警
				0010 负荷上限报警
				0020 负荷跨度报警
				0040 间抽控制
				0080 峰谷节电
				1000 电压下限报警
				2000 电压上限报警
				4000 电流下限报警
				8000 电流上限报警
40511	只读	1	报警状态2	报警状态2
				0001 流量下限报警
				0002 流量上限报警
				0004 油温下限报警
				0008 油温上限报警
				0010 回压下限报警
				0020 回压上限报警
				0040 油压下限报警
				0080 油压上限报警
				0100 电压下限报警
				0200 电压上限报警
				0400 电流下限报警
				0800 电流上限报警
40512	只读	1	报警状态3	报警状态3
				0001 位置开关开报警
				0002 位置开关关报警
				0004 启停状态开报警
				0008 启停状态关报警
				0010 电动机故障开报警
				0020 电动机故障关报警
				0040 手自动开关开报警

续表

启停控制参数	属性	参数	状 态	备 注
40512	只读	1	报警状态3	0080 手自动开关关报警
				0100 门开关开报警
				0200 门开关关报警
40513	只读			保留
40514	只读			冲程
40515	只读			冲次
40516	只读			负荷工程值
40517	只读			位移工程值
40518	只读			保留
40519	只读			保留
40520	只读			保留
40521	只读			电压工程值
40522	只读			电流工程值
40523	只读			启停触点状态
40524	只读			保留
40525	只读			保留
40526	只读			保留
40527	只读			今日运行时－时
40528	只读			今日运行时－分
40529	只读			今日运行时－秒
40530	只读			昨日运行时－时
40531	只读			昨日运行时－分
40532	只读			昨日运行时－秒
40533				A 相电流
40534				B 相电流
40535				C 相电流
40536				A 相电压
40537				B 相电压
40538				C 相电压
40539				总有功功率
40540				总无功功率
40541				总视在功率

启停控制参数	属性	参数	状　态	备　注
40542				电网频率
40543				总有功电能
40544				
40545				总无功电能
40547	只读			总功率因数
40548	只读			断相情况
40549	只读			
40550	R/W		手动/自动切换	1 手动，2 自动（默认）
40551	R		手动/自动切换状态	1 手动，2 自动
40552	R/W		手动频率设定	Hz
40553	R		当前频率	Hz
40560	R/W		手动/自动切换	1 手动，2 自动（默认）
40561	R		手动/自动切换状态	1 手动，2 自动
40562	R/W		手动平衡电动机调节	0 空闲，1 加重配重，2 减少配重
40563	R		平衡度	
示功图数据				
41488	只读			点数
41489	只读			POC 位置设定点
41490	只读			POC 负荷设定点
41491	只读			负荷报警下限
41492	只读			负荷报警上限
41493	只读			冲次
41494	只读			冲程
41495	只读			年/月
41496	只读			日/时
41497	只读			分/秒
41498	只读			保留
41499	只读			保留
41500	只读			示功图第 1 点位移
41501	只读			示功图第 1 点负荷
41502	只读			示功图第 2 点位移
41503	只读			示功图第 2 点负荷

续表

启停控制参数	属性	参数	状 态	备 注
41504	只读			示功图第 3 点位移
…	只读			……
42100	只读			电流图第 1 点电流
42101	只读			电流图第 2 点电流
42102	只读			电流图第 3 点电流
42103	只读			电流图第 4 点电流
…	只读			……
42700	只读			功率图第 1 点功率
42701	只读			功率图第 2 点功率
42702	只读			功率图第 3 点功率
42703	只读			功率图第 4 点功率

附录1 数字化抽油机日常检查维护确认表

油井名称			抽油机型号	
控制柜型号			控制柜运行状态	□正常 □不正常
检维人员			联系电话	
维护单位			井场号	
环境	温度	□正常 □不正常	湿度	□正常 □不正常
	内部线路	□凌乱 □一般 □整齐		
	外部线路	□凌乱 □一般 □整齐		
设备状况	设备名称	变频器	测试	□正常 □不正常
	设备状态	□正常 □不正常	设备清洁度	□积尘较厚 □一般 □清洁
	接线	□紧固 □松动	功能	□正常 □不正常
	设备名称	RTUL305	测试	□正常 □不正常
	设备状态	□正常 □不正常	设备清洁度	□积尘较厚 □一般 □清洁
	接线	□紧固 □松动	功能	□正常 □不正常
	设备名称	SU306	测试	□正常 □不正常
	设备状态	□正常 □不正常	设备清洁度	□积尘较厚 □一般 □清洁
	接线	□紧固 □松动	功能	□正常 □不正常
	设备名称	主电动机交流接触器	测试	□正常 □不正常
	设备状态	□正常 □不正常	设备清洁度	□积尘较厚 □一般 □清洁
	接线	□紧固 □松动	功能	□正常 □不正常

续表

设备状况	设备名称	无线通信模块 SZ930		测试	□正常　□不正常
	设备状态	□正常　□不正常		设备清洁度	□积尘较厚 □一般　□清洁
	接线	□紧固　□松动		功能	□正常　□不正常
	设备名称	电动机保护器		测试	□正常　□不正常
	设备状态	□正常　□不正常		设备清洁度	□积尘较厚 □一般　□清洁
	接线	□紧固　□松动		功能	□正常　□不正常
	设备名称	平衡电动机交流接触器		测试	□正常　□不正常
	设备状态	□正常　□不正常		设备清洁度	□积尘较厚 □一般　□清洁
	接线	□紧固　□松动		功能	□正常　□不正常
电源 电压测量	主进线端子			变频器	
	交流接触器			220V	
	24V			接地电阻	
其他巡检项 目记录					
操作记录					
总体评估					

附录 2　控制柜常见故障表

序号	故障现象	检查项目	检查方法	故障处理方法
1	工频无法启动	检查控制柜是否供电	目测、万用表检测	正确供电
		QF1、QF5 是否合闸	目测	将 QF1、QF5 合闸
		控制柜进线口接线错误	目测、万用表检测	查看接线图纸（该控制柜必须接零线）
		检查工频/变频转换开关是否在工频位置	目测	转换开关调至工频位置
		查看启动按钮是否损坏		若损坏，更换启动按钮
		查看停止按钮是否损坏		若损坏，更换停止按钮
		检查变频/工频转换开关是否故障		找出故障点并处理
		检查工频控制回路是否故障	万用表检测	找出故障点并处理
		检查工频交流接触器（KM1）是否吸合	目测	若不吸合，查看变频交流接触器（KM1）不吸合处理方法
		检查电动机电源线是否损坏	目测、万用表检测	若损坏，更换导线
		检查电动机电源线连接是否接触不良	目测、万用表检测	正确可靠接线
		检查电动机是否损坏	目测、万用表检测	若损坏，更换电动机
2	变频无法启动	检查控制柜是否供电，包括总电源及 QF1、QF5	目测	正确供电
		QF1、QF5 是否合闸	目测	将 QF1、QF5 合闸
		控制柜进线口接线错误	目测、万用表检测	查看接线图纸（该控制柜必须接零线）
		检查工频/变频转换开关是否在工频位置	目测	拨到变频位置

序号	故障现象	检 查 项 目	检查方法	故障处理方法
2	变频无法启动	检查变频/工频转换开关是否故障		找出故障点并处理
		检查变频器是否供电	目测	将 QF1 合闸
		变频器是否报故障	目测	查看变频器故障代码及排除方法并处理
		查看启动按钮是否损坏		若损坏，更换启动按钮
		查看停止按钮是否损坏		若损坏，更换停止按钮
		变频器损坏（包括变频器及制动电阻）	目测、万用表检测	请联系专业人员处理
		变频交流接触器（KM2）是否吸合	目测	若不吸合，查看变频交流接触器（KM2）不吸合处理方法
		检查变频交流接触器（KM2）吸合后辅助触头接触是否良好	万用表检测	更换辅助触头
		检查电动机电源线连接是否接触不良	目测、万用表检测	正确可靠接线
		检查电动机是否烧毁	目测、万用表检测	若烧毁，更换电动机
		检查电动机电源线是否损坏	目测、万用表检测	若损坏，更换导线
3	工频交流接触器（KM3）、接触器（KM1）不吸合	检查控制柜是否供电，QF5 是否合闸	目测	正确供电并合闸
		检查 KM1 是否损坏	目测，万用表检测	若损坏，更换接触器
		检查工频控制回路是否故障	万用表检测	找出故障点并处理
4	变频交流接触器（KM3）、接触器（KM2）不吸合	检查控制柜是否供电，QF5 是否合闸	目测	正确供电并合闸
		检查 KM2 是否损坏	目测，万用表检测	若损坏，更换接触器
		检查变频控制回路是否故障	万用表检测	找出故障点并处理
5	工频、变频均反转	控制柜电动机电源出线口相序错误		调整电动机电源线相序
6	工频正转、变频反转	变频主回路相序错误		调整控制柜进线电源线相序及电动机电源线相序
7	工频反转、变频正转	工频主回路相序错误		调整控制柜进线电源线相序
8	无法手动调节平衡	检查控制柜是否供电，QF3、QF5 是否合闸	目测，万用表检测	正确供电并合闸

序号	故障现象	检查项目	检查方法	故障处理方法
8	无法手动调节平衡	检查平衡调节转换开关是否在手动调节位置	目测	平衡调节转换开关调至手动调节位置
		平衡调节转换开关故障		找出故障点并处理
		上移交流接触器（KM3）/下移交流接触器（KM4）是否吸合	目测	查看上移交流接触器（KM3）/下移交流接触器（KM4）不吸合处理方法
		查看平衡块是否机械卡死	目测	排除机械故障
		查看平衡块是否已经到达最上极限位置	目测	限位开关保护，无法往上调节
		查看平衡块是否已经到达最下极限位置	目测	限位开关保护，无法往下调节
		检查电动机电源线是否损坏	目测，万用表检测	若损坏，更换导线
		检查电动机电源线是否接触不良		正确可靠接线
		检查平衡电动机是否烧毁	目测，万用表检测	若烧毁，更换电动机
		航空插头没有插好或接触不良	目测，万用表检测	若为带航空插头抽油机及控制柜，检查各个航空插头是否连接正确可靠
9	变频无法调频	检查频率调节转换开关是否在手动调节位置	目测	频率调节转换开关调至手动调节位置
		检查电位器是否损坏	万用表检测	更换电位器
		检查变频器是否损坏	目测，万用表检测	若损坏，更换变频器
		变频器程序错误		联系专业人员处理
10	上移交流接触器（KM3）不吸合	检查控制柜是否供电，QF5是否合闸	目测	正确供电并合闸
		查看平衡块是否已经到达极限位置	目测	限位开关保护，可查看上限位保护中间继电器（K3）或下限位保护中间继电器（K4）是否动作，动作表示限位保护，无法调节
		控制回路故障		检查控制回路并处理故障
11	下移交流接触器（KM4）不吸合	检查控制柜是否供电，QF5是否合闸	目测	正确供电并合闸
		查看平衡块是否已经到达极限位置	目测	限位开关保护，可查看上限位保护中间继电器（K3）或下限位保护中间继电器（K4）是否动作，动作表示限位保护，无法调节
		控制回路故障	万用表检测	检查控制回路并处理故障

续表

序号	故障现象	检 查 项 目	检查方法	故障处理方法
12	开关电源无输出	检查控制柜是否供电，QF5 是否合闸	目测	正确供电并合闸
		检查 QF5 至开关电源线路是否故障	目测，万用表检测	排除线路故障
		检查开关电源是否损坏	目测，万用表检测	若损坏，更换开关电源
13	RTU（L305）不通电	检查 RTU 电源线是否连接正确可靠	目测	正确连接
		检查开关电源是否有输出	万用表检测	若无输出，参考开关电源无输出处理方法
		RTU 损坏	目测、联系安控售后人员	若损坏，更换 RTU
14	电量采集模块（SU306）不通电	检查电量采集模块电源线是否连接正确可靠	目测	正确连接
		检查开关电源是否有输出	万用表检测	若无输出，参考开关电源无输出处理方法
		电量采集模块损坏	目测，联系安控售后人员	若损坏，更换电量采集模块
15	无线通信模块（SZ930）不通电	检查无线通信模块电源线是否连接正确可靠	目测，万用表检测	正确连接
		检查开关电源是否有输出	万用表检测	若无输出，参考开关电源无输出处理方法
		无线通信模块损坏	目测、联系安控售后人员	若损坏，更换无线通信模块
16	显示模块不通电	检查显示模块电源线是否连接正确可靠	目测，万用表检测	正确连接
		检查开关电源是否有输出	万用表检测	若无输出，参考开关电源无输出处理方法
		显示模块损坏	目测、联系安控售后人员	若损坏，更换显示模块
17	程序下载软件（ESD32_V522(udp).exe）无法连接 RTU	检查 COM 口是否设置正确	查看计算机配置	正确设置 COM 口
		检查程序下载软件（ESD32_V522(udp).exe）的本地设置是否正确	查看计算机配置	正确设置程序下载软件（ESD32_V522(udp).exe）的本地设置
		检查串口线是否正常		更换正常的串口线
18	调试软件（RPC(sxb)）无法连接 RTU	检查串口驱动是否正常	查看计算机配置	更换适合串口线的驱动
		检查 RTU 的串口是否损坏	目测、查看计算机配置	若损坏，更换 RTU

序号	故障现象	检 查 项 目	检查方法	故障处理方法
18	调试软件（RPC(sxb)）无法连接 RTU	检查 RTU 是否死机	目测、联系安控售后人员	若死机，更换 RTU
		检查 COM 口是否设置正确	查看计算机配置	正确设置 COM 口
		检查调试软件（RPC(sxb)）的本地设置是否正确	查看计算机配置	正确设置调试软件（RPC(sxb)）的本地设置
		检查串口线是否正常		更换正常的串口线
		检查串口驱动是否正常	查看计算机配置	更换适合串口线的驱动
		检查 RTU 的串口是否损坏	目测，联系安控售后人员	若损坏，更换 RTU
		检查 RTU 是否死机	目测，联系安控售后人员	若死机，更换 RTU
19	用调试软件（RPC(sxb)）在井口扫描无示功图	查看角位移或载荷是否有值	目测	如无，参考调试软件（RPC(sxb)）上无载荷或角位移值处理方法
		查看 RTU 接角位移或载荷的通道是否损坏	目测，联系安控售后人员	若损坏，更换 RTU
20	调试软件（RPC(sxb)）上无载荷值	检查载荷线是否连接正确可靠	目测，万用表检测	正确可靠连接载荷线
		检查载荷是否损坏	目测，万用表检测	若损坏，更换载荷
		检查熔断丝是否烧断	目测，万用表检测	若烧断，更换熔断丝
		查看 RTU 接角载荷的通道是否损坏	目测，联系安控售后人员	若损坏，更换 RTU
21	调试软件（RPC(sxb)）上无角位移值	检查角位移线是否连接正确可靠	目测，万用表检测	正确可靠连接角位移线
		检查角位移是否损坏	目测，万用表检测	若损坏，更换角位移
		检查熔断丝是否烧断	目测，万用表检测	若烧断，更换熔断丝
		查看RTU接角位移通道是否损坏	目测，联系安控售后人员	若损坏，更换 RTU
22	调试软件（RPC(sxb)）上无电参数数据	检查 QF4 是否合闸	目测	将 QF4 合闸
		检查电量采集模块至 RTU 的 RS485 通信是否正常	modscan 测试	使通信正常
		检查电量采集模块（SU306）是否未供电	目测，万用表检测	给电量采集模块正确供电
		电量采集模块（SU306）损坏	目测，联系安控售后人员	若损坏，更换电量采集模块

序号	故障现象	检 查 项 目	检查方法	故障处理方法
23	调试软件（RPC(sxb)）无法调节变频频率	检查频率调节转换开关是否在自动调节位置	目测	频率调节转换开关调至自动调节位置
		检查调试软件（RPC(sxb)）频率调节选择是否正确	目测	调试软件（RPC(sxb)）频率选择应为手动调节
		检查串口线等是否正常	目测	更换好的串口线
		RTU 至变频器的 RS485 通信故障		恢复通信
		变频器程序错误		联系专业人员处理
24	站控无示功图	检查上位机配置文件填写是否正确（力控点表导入）	查看位机配置文件	正确填写上位机配置文件
		确认示功图点数	查看 RTU 图点数配置、modscan 测试	正确设置示功图点数
		检查数据库数据表	查看数据库数据表	正确配置数据库
		检查 L201 通信链路（包含 SZ930）的配置	modscan 测试	正确配置 L201 通信链路及 SZ930 配置

参 考 文 献

［1］黄伟. 抽油机有杆泵井数字化诊断与计量技术及实践. 北京: 石油工业出版社, 2014.

［2］吉效科. 无基础抽油机. 陕西: 陕西科学技术出版社, 2014.

［3］朱荣杰，张国庆. 抽油机井故障诊断及处理方法. 北京: 石油工业出版社, 2014.

［4］任清晨. 电气控制柜设计制作——调试与维修篇. 北京: 电子工业出版社, 2014.

［5］刘刚. 动力线路及控制柜的安装. 北京: 科学出版社, 2014.